DELIUS KLASING

1958 Chrysler 300D Cabriolet

MICHAEL FURMAN

CHROM JUWELEN

DIE SCHÖNSTEN AUTOS 1946–1960

DELIUS KLASING VERLAG

1954 Plymouth Belmont

Für meine Eltern

Ausschnitt Heckflosse

1948 Cadillac 6207 Club Coupé

Inhalt

Kühlerfigur
1956 Lincoln Premiere

Einleitung

In der ersten Hälfte des 20. Jahrhunderts entwickelte sich das Automobil zum großen technischen Symbol einer vorschreitend industrialisierten Gesellschaft. Längst hatte es sich vom Kutschenbau entfernt und war zu einer leistungsstarken, schön geformten Maschine mit Kompressormotoren geworden, welches eine völlig eigene technische Identität und Ästhetik angenommen hatte.

Aber mit dem Ausbruch des Zweiten Weltkrieges machte die Entwicklung des Automobils eine Vollbremsung. Am 5. Februar 1942 rollte das letzte Automobil aus dem an Detroits Clark Avenue gelegenen Cadillac-Werk, und 55 Tage später liefen die ersten M-5-Panzer vom Band. Gleichzeitig begannen andere Automobilwerke der Welt mit der Produktion von Kriegsschiffen, Flugzeugen, Transportern und Motoren. Sowohl die Achsmächte als auch die Alliierten begannen mit der Rationierung von Lebensmitteln, Benzin und sonstigen Materialien und riefen ihre Bürger dazu auf, nicht oder wenig gebrauchte Automobile zu verschrotten, um das Metall für den Kriegseinsatz wiederverwenden zu können. Der Übergang zur Kriegswirtschaft erfolgte schnell und effektiv.

Im Dezember 1945 setzte in den meisten Ländern Europas ein massiver Wiederaufbau ein. Dort mussten die Wirtschaft wiederbelebt, die Produktionsmittel im Sinne des Gemeinwohls neu strukturiert und die soziale Ordnung wiederhergestellt werden. Deutschland, ehemals eines der Länder mit bedeutenden Automobilherstellern, war wirtschaftlich verwüstet. Seine gewaltigen Produktionsstätten lagen ebenso in Trümmern wie viele Fabriken in Frankreich, Italien und Großbritannien.

Europa benötigte Fahrzeuge für den Wiederaufbau, und kleine, billige Massenprodukte dienten diesem Zweck am besten. Um der Nachfrage gerecht zu werden, kehrten die meisten Hersteller zu Vorkriegsmodellen zurück. Jaguar baute zum Beispiel bis 1948 kein neues Model, während Mercedes-Benz erst 1951 wieder eine Luxuslimousine produzierte. Mit ihren Abmessungen und im Stil der Vorkriegszeit präsentierten sich fast alle europäischen Automobile mit leicht überarbeiteten Karosserien und sehr wenig Zierrat, was ihnen sogar eine zeitlos klassische Schönheit verlieh. Selbst die Designs von Fahrzeugherstellern der Luxusklasse wie Rolls-Royce, Bentley, Jaguar und Mercedes-Benz behielten bei Kotflügeln und der Gestaltung des Kofferraums Formen der 1930er-Jahre bei.

Unbeabsichtigt fanden einige der eher kleinen europäischen Fahrzeuge ihren Weg auf den amerikanischen Markt, denn viele amerikanische Soldaten brachten von ihrer Stationierung in Europa eines dieser agilen Autos, wie einen MG-TC, einen Jaguar XK-120 oder einen Porsche 356 mit zurück und bereiteten damit den Importfahrzeugen der 1960er-Jahre den Weg.

Eine Folge der Kriegswirtschaft war die in den Vereinigten Staaten gewaltig aufgestaute Nachfrage nach Automobilen. Ebenso wie ihre europäischen Gegenüber bemühten sich amerikanische Hersteller Mitte der 1940er-Jahre darum, mit Werkzeugen und Modellen aus der Vorkriegszeit möglichst schnell wieder so viele Fahrzeuge zu produzieren, wie sie konnten. Amerikas Bindung an die Modelle der Vorkriegszeit dauerte aber nicht lange. Den Krieg hinter sich lassend und den Herausforderungen der Zukunft ins Auge sehend, wollten die Vereinigten Staaten nach vorn schauen.

Die Richtung des Automobildesigns und der Fahrzeugproduktion sollte einen Jahrzehnte anhaltenden Wandel erfahren. Automobile hatten immer schon Fantasien kanalisiert und waren Vorboten neuer Trends gewesen. Jetzt, getragen vom Enthusiasmus der militärischen Siege in Europa und jenseits des Pazifiks, stand Amerika in vollem Saft, und Automobile galten als Symbol dafür, die Zukunft beherrschen zu können.

Vordenker und Unternehmer suchten nach effizienten und schnellen Verkehrswegen als Möglichkeit, eine starke Wirtschaft zu fördern. Die Grundlagen dafür waren längst geschaffen worden, denn noch bevor die Vereinigten Staaten in den Zweiten Weltkrieg eingetreten waren, hatte Präsident Franklin D. Roosevelt den Bau eines Fernstraßennetzes zur Verbesserung der nationalen Verteidigung und zur Mobilisierung des enormen Arbeitskräftepotenzials ins Auge gefasst.

Präsident Dwight D. Eisenhower hat sich später dieser Idee angenommen, indem er 1956 den »Federal Aid Highway Act« unterzeichnete, womit mehrere

Milliarden Dollar für die Verbesserung oder den Neubau von Tausenden von Meilen vierspuriger Fahrbahnen freigesetzt wurden. »Mehr als jede andere Entscheidung der Regierung seit Kriegsende«, so Eisenhower, »wird (der Bau dieser Autobahnen) das Gesicht Amerikas verändern.«

Roosevelt hatte auch die Bedürfnisse der heimkehrenden Soldaten vorausgesehen und 1944 einen Wiedereingliederungsplan autorisiert. Inoffiziell »GI Bill« genannt, sicherte dieses Gesetz den Kriegsveteranen eine langfristige Unterstützung zu, eröffnete ihnen den Zugang zu Fortbildungen und ermöglichte auch die behördliche Finanzierung von Wohnraum zu günstigen Zinsen. Diese Maßnahmen führten zu besser bezahlten Jobs sowie einer wachsenden Mobilität – und schließlich dazu, dass weit entfernt von den Metropolen überall im Land große und vor allem erschwingliche Satellitensiedlungen aus dem Boden gestampft wurden, in denen Einfamilienhäuser für unter 10 000 Dollar zu haben waren. Auch Benzin war billig und reichlich vorhanden. Mit ein bisschen Hilfe seitens der Regierung und mit den neuen ebenen Straßen konnten sich amerikanische Hausbauer den Luxus und Komfort eines Domizils auf dem Lande leisten und dennoch einer Arbeit in den Städten nachgehen – ein Traum, der nur zehn Jahre zuvor als unerreichbar gegolten hatte.

Natürlich hatte Detroit überhaupt nichts dagegen, den neuen Anforderungen gerecht zu werden. In den 15 Jahren nach dem Zweiten Weltkrieg eröffnete Ford 22 neue Montagewerke und baute bereits 1959 über 1,5 Millionen Autos. Gleichzeitig baute General Motors, deren Marktanteil 52 Prozent betrug, in den 1950er-Jahren über 32 Millionen Cadillacs, Buicks, Oldsmobiles, Pontiacs und Chevrolets.

Die Auswirkungen der Nachkriegszeit brachten für viele Hersteller auch Veränderungen. Continental fusionierte mit Lincoln und Mercury unter dem Dach von Ford, während Chrysler die Marken Dodge, Plymouth, De Soto und Imperial herstellte. Packard nahm die Produktion mit weniger teuren Fahrzeugen für den Massenmarkt wieder auf und fusionierte einige Jahre später mit Studebaker. Einige neue Hersteller tauchten auf, wie Frazer, Kaiser oder Tucker, aber ihr Erfolg war nur von kurzer Dauer. Sie verschwanden ebenso von der Bildfläche und wurden zu Schatten einer anderen Epoche wie einige der großen Namen, die schon die 1930er-Jahre nicht überstanden hatten: Duesenberg, Pierce-Arrow, Auburn, Franklin, DuPont, Peerless oder Cord.

Glücklicherweise blieben viele junge talentierte Designer ihrem Metier treu. Harley Earl führte mit dem 1948er-Cadillac bei General Motors die Heckflosse ein, die ein Designelement war, bei dem er sich von der berühmten Lockheed P-38 Lightning hatte inspirieren lassen. Virgil Exner gestaltete den anspruchsvollen 1955er-Chrysler-Imperial und die Serie der »Buchstaben-Autos«. Und der berühmte Industriedesigner Raymond Loewy beriet Studebaker beim Bau von Automobilen, die, wie viele Modelle der 1950er-Jahre, vom Flugzeugbau inspiriert waren. Ein Beispiel ist das fortschrittliche »Starliner Coupé« von 1959.

Unter ihrer Ägide tauchten überall im Land große, farbenfrohe und spektakuläre Autos auf. Leuchtend korallenrot, türkis oder gelb, oftmals zwei- oder gar dreifarbig lackierte Fahrzeuge konnten auf den Parkplätzen der neuen Einkaufszentren bewundert werden. Größer und immer größer ragten die Heckflossen in den Himmel, während großmäulige Kühlergrills zu lächeln schienen und gleichzeitig keinen Zweifel daran ließen, alles zu verschlingen, was sich ihnen in den Weg stellen wollte. Modelle des Raumfahrtzeitalters wie der »Futuramic« und der »Rocket 88« von Oldsmobile sowie Fords »Skyliner« und »Galaxy« fuhren mit ihren an Raketen erinnernde Kühleremblemen, Scheinwerfern und Chromapplikationen über Amerikas neue »Super Highways«. Andere Autos mit Namen wie »Fiesta«, »Holiday«, »Capri« und »Newport« drückten das nationale Gefühl von Optimismus und Stolz aus; sie hoben die Freizeit hervor und zeugten von der Freiheit, Amerikas wunderbare Schönheit entdecken zu können.

Diese Automobile der Chrom-Ära machten mit ihrer Länge von gut sechs Metern und einem Gewicht von zwei Tonnen wahrhaft Eindruck. Geschmeidige V-8-Motoren wurden Standard: Der Hemi von Chrysler leistete zum Beispiel 390 PS bei 5000 Umdrehungen und General Motors Hydramatic-Getriebe erleichterte das Fahren und sorgte für mehr Fahrspaß. Mit Servobremsen und

Servolenkung, elektrischen Fensterhebern, Faltdächern, Radios und sogar Plattenspielern strahlten die Automobile der Nachkriegszeit Autorität, Macht und Ruhe zugleich aus.

Mit einer ständig wachsenden Liste an Extras und mit steigender Leistung erreichten die Preise der Fahrzeuge bald schwindelerregende Höhen. So war zum Beispiel das Spitzenmodell von Cadillac am Ende des Krieges für weniger als 5000 Dollar zu haben und kostete Ende der 1950er-Jahre über 13 000 Dollar. Das Automobil hatte sich von einem reinen Transportmittel zu einem wahren Statussymbol entwickelt, dass die Persönlichkeit und die finanziellen Ressourcen seines Fahrers widerspiegelte.

Die amerikanische Automobilindustrie fuhr – getragen von einem unvergleichlichen Wirtschaftswachstum – der Zukunft voraus. Das Zeitalter des uneingeschränkten Konsums und Enthusiasmus war angebrochen.

Michael Furman
Fotograf und Autor

Nachkriegszeit

1947 Tatra T 87

1947 Cisitalia 202 SM »Nuvolari Spyder«

1947 Cisitalia 202 SM »Nuvolari Spyder«

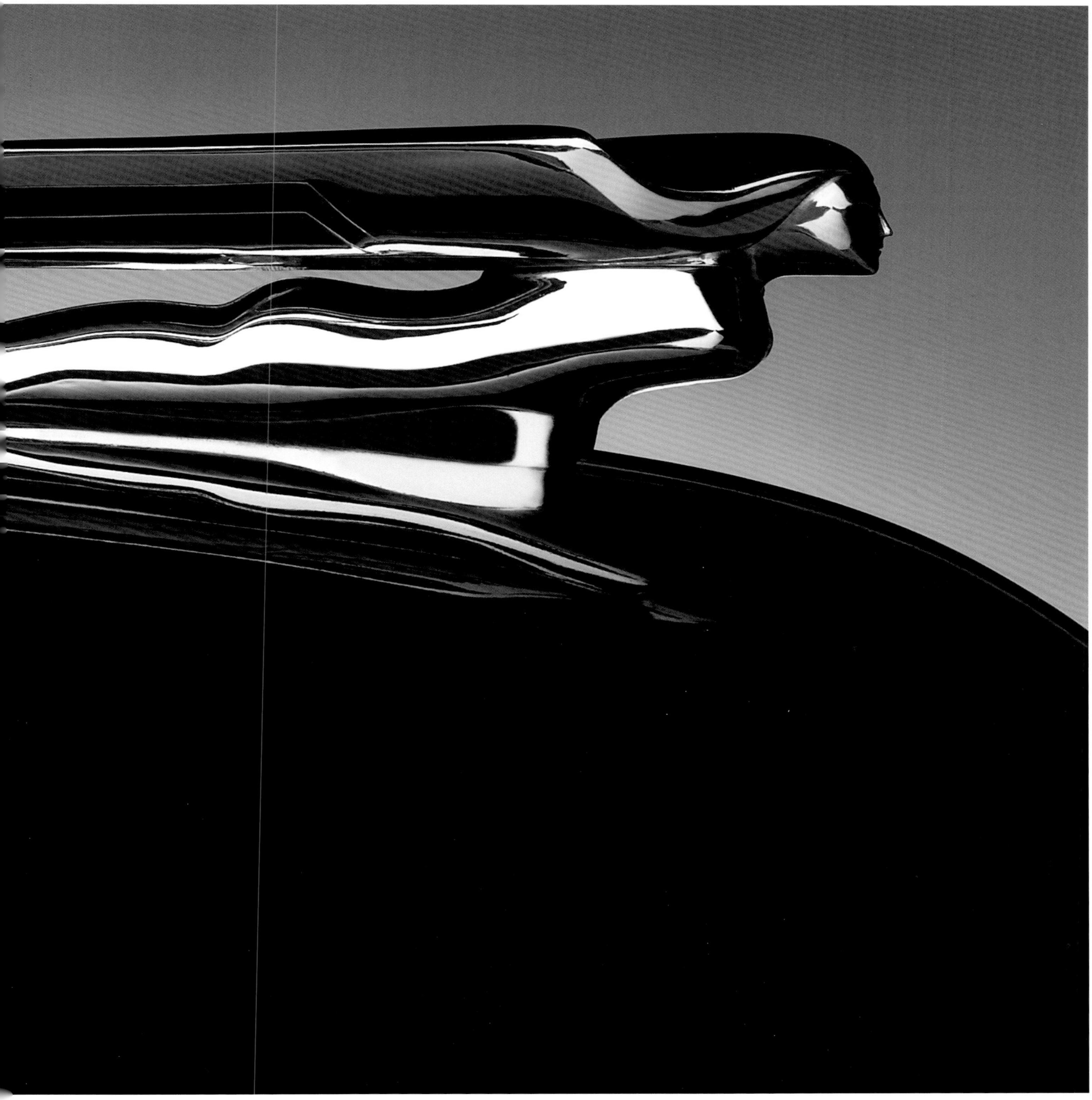

Kühlerfigur
1947 Nash Ambassador Suburban

1947 Nash Ambassador Suburban

1947 Nash Ambassador Suburban

Türgriffe
1947 Nash Ambassador Suburban

Ausschnitt Kühlermaske
1947 Nash Ambassador Suburban

CALIFORNIA
OIZ 598
FORD

1947 Ford Woody Wagon Deluxe

1948 Mercury Cabriolet

1948 Chrysler Town & Country Cabriolet

1950 Volkswagen

Ausschnitt Heckfenster
1950 Volkswagen

1947 Cadillac 6207 Club Coupé

1948 Cadillac 6207 Club Coupé

1947 Cadillac 6207 Club Coupé

1948 Cadillac 6207 Club Coupé

1948 Tucker

1949 Buick Roadmaster Cabriolet

1949 Buick Roadmaster Cabriolet

Fensterkurbel
1949 Buick Roadmaster Cabriolet

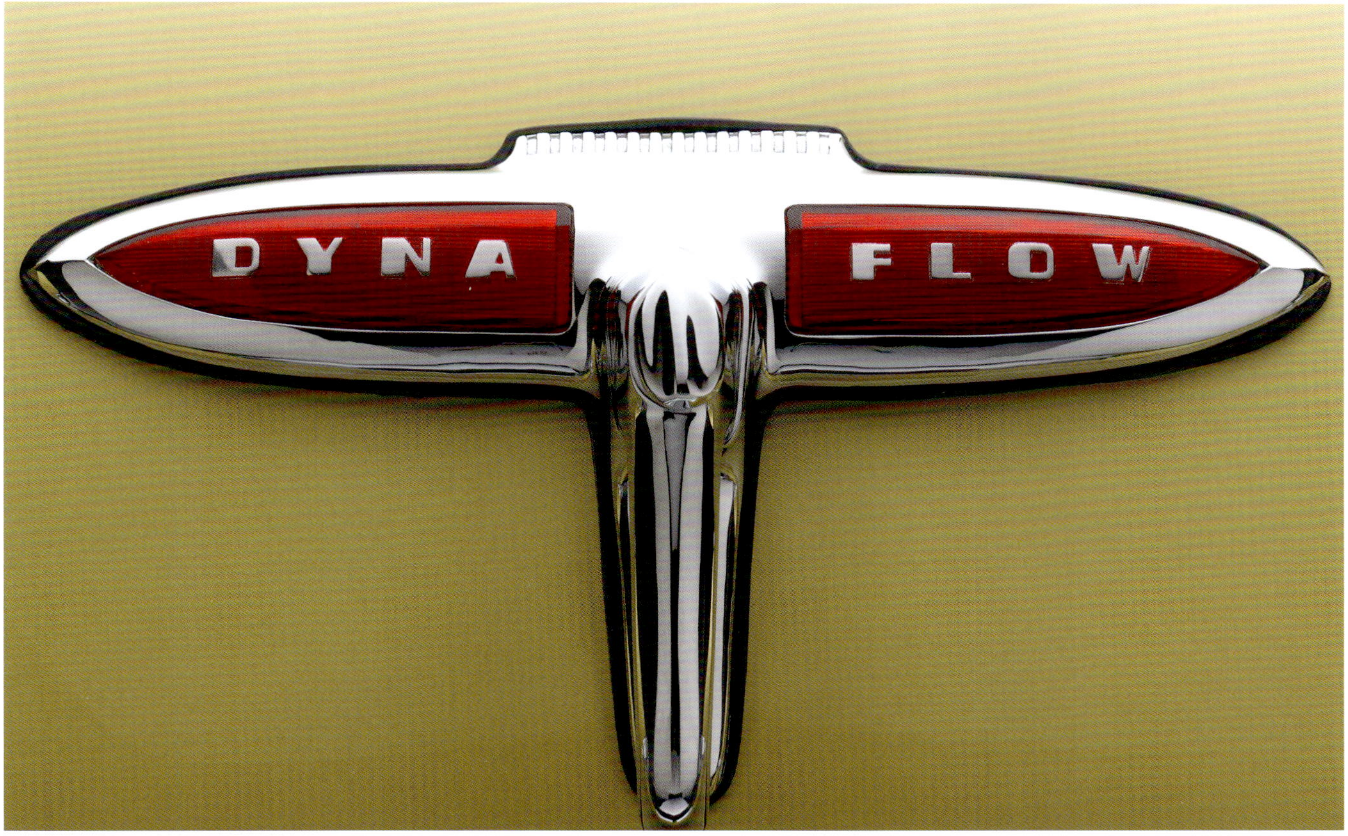

Kofferraumgriff
1949 Buick Roadmaster Cabriolet

Ausschnitt Rückleuchte
1949 Buick Roadmaster Cabriolet

Kühlerfigur
1949 Buick Roadmaster Cabriolet

Lufteinlässe
1949 Buick Roadmaster Cabriolet

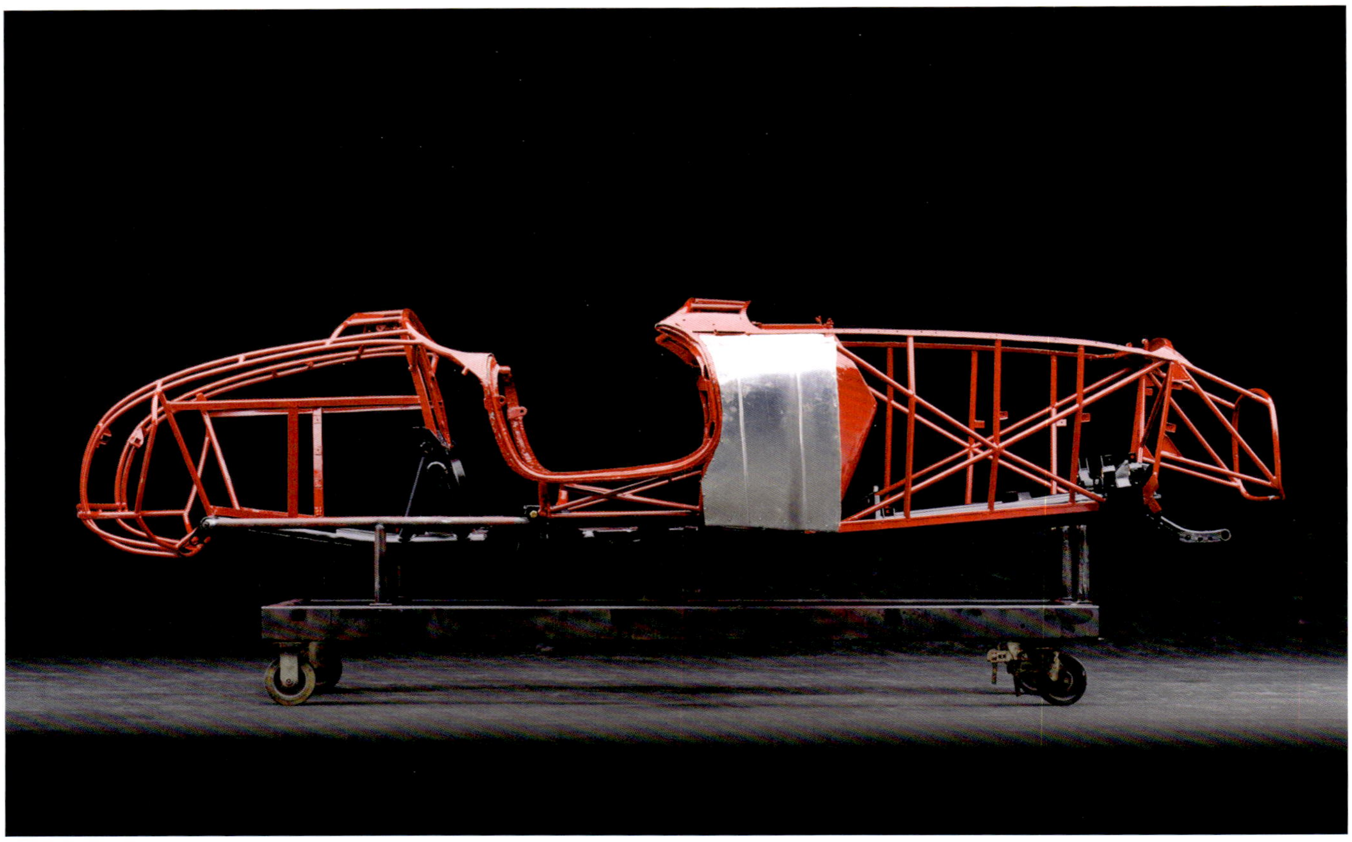

Rahmen
1949 Ferrari 166 MM »Barchetta«

Rohkarosserie

1949 Ferrari 166 MM »Barchetta«

Ausschnitt Lenkrad

1949 Ferrari 166 MM »Barchetta«

Ausschnitt Kühlermaske und Scheinwerfer

1952 Jaguar XK 120, geschlossenes Coupé

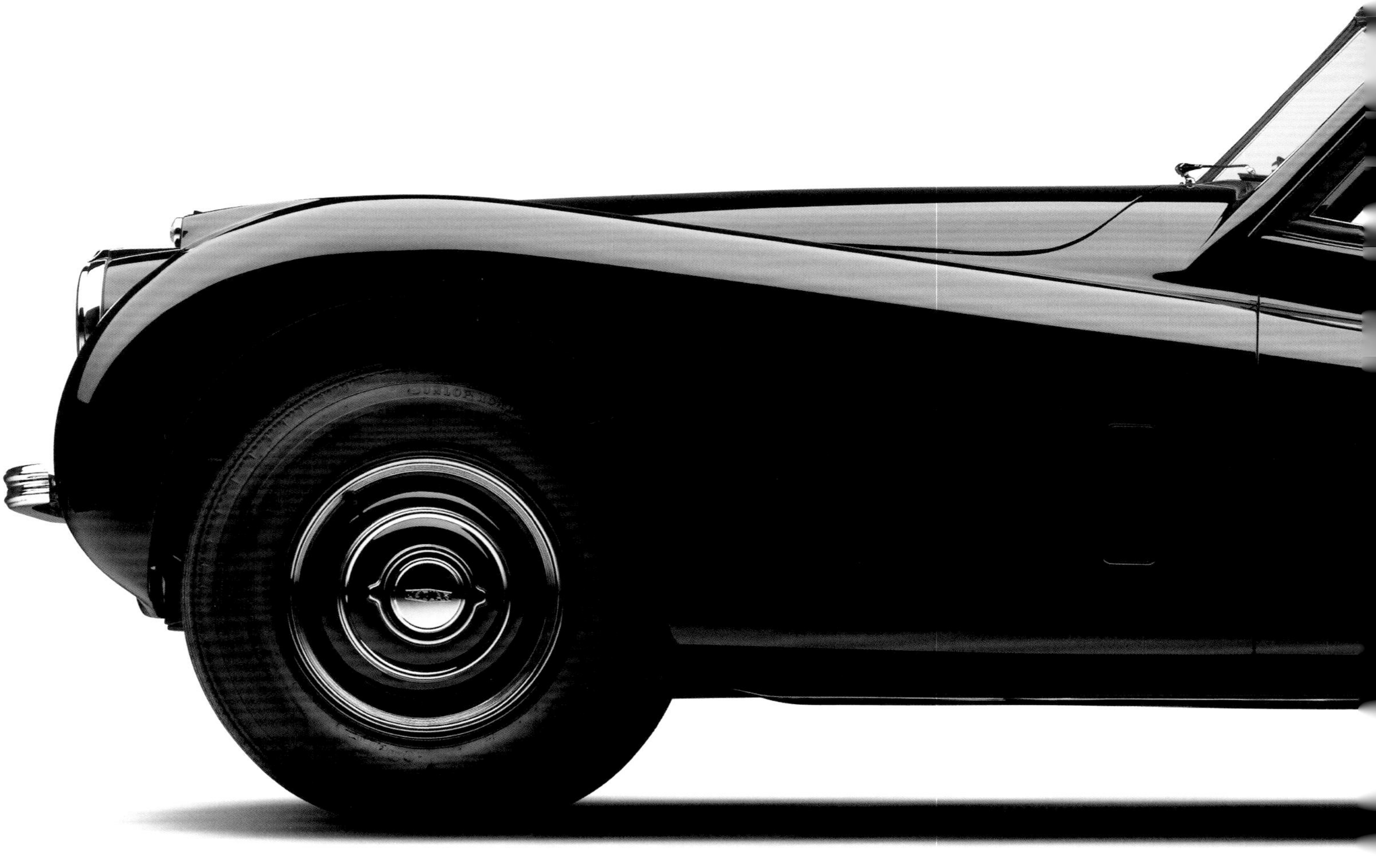

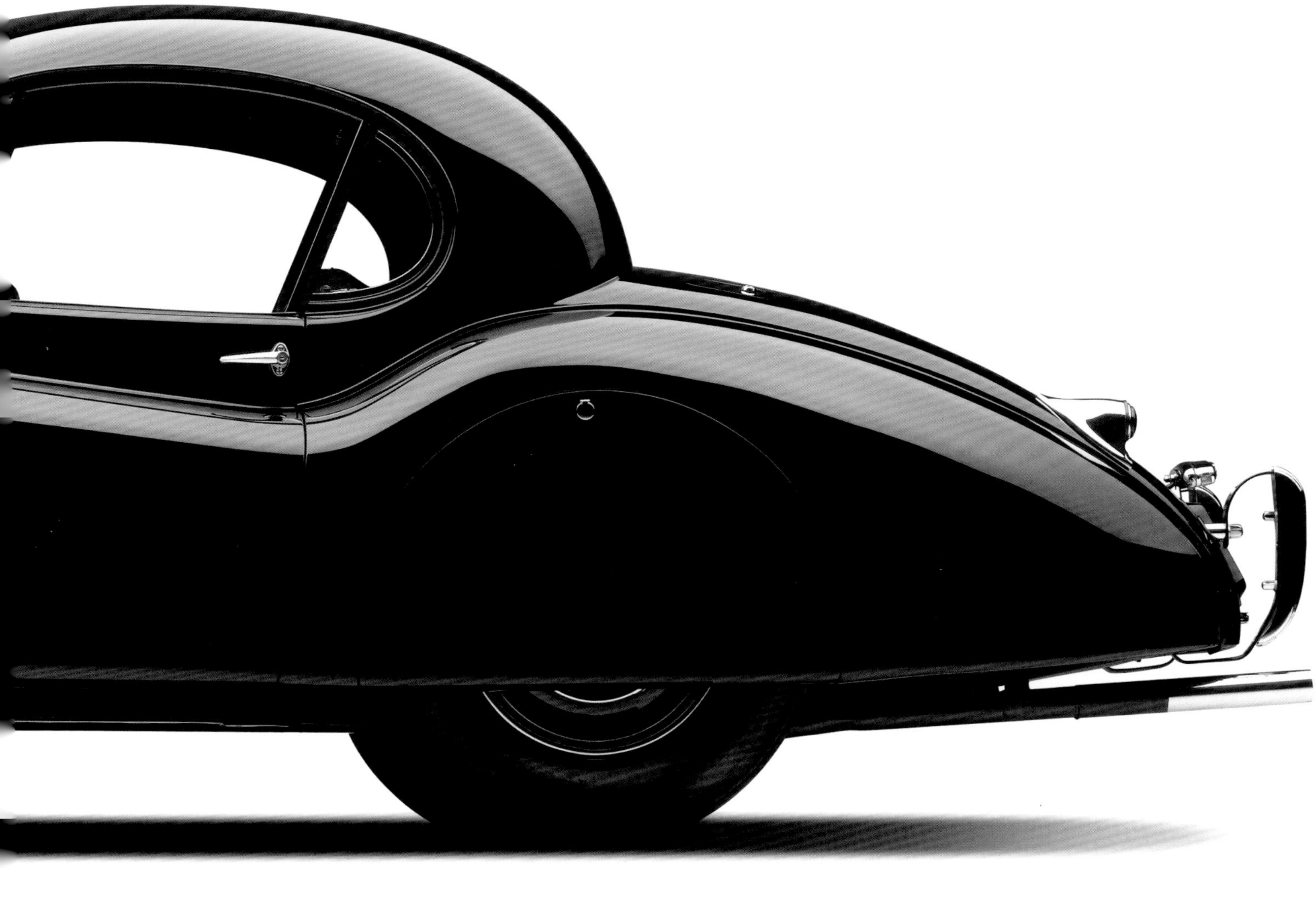

1952 Jaguar XK120, geschlossenes Coupé

BROOKLANDS

1952 Jaguar XK 120, offenes zweisitziges Cabriolet

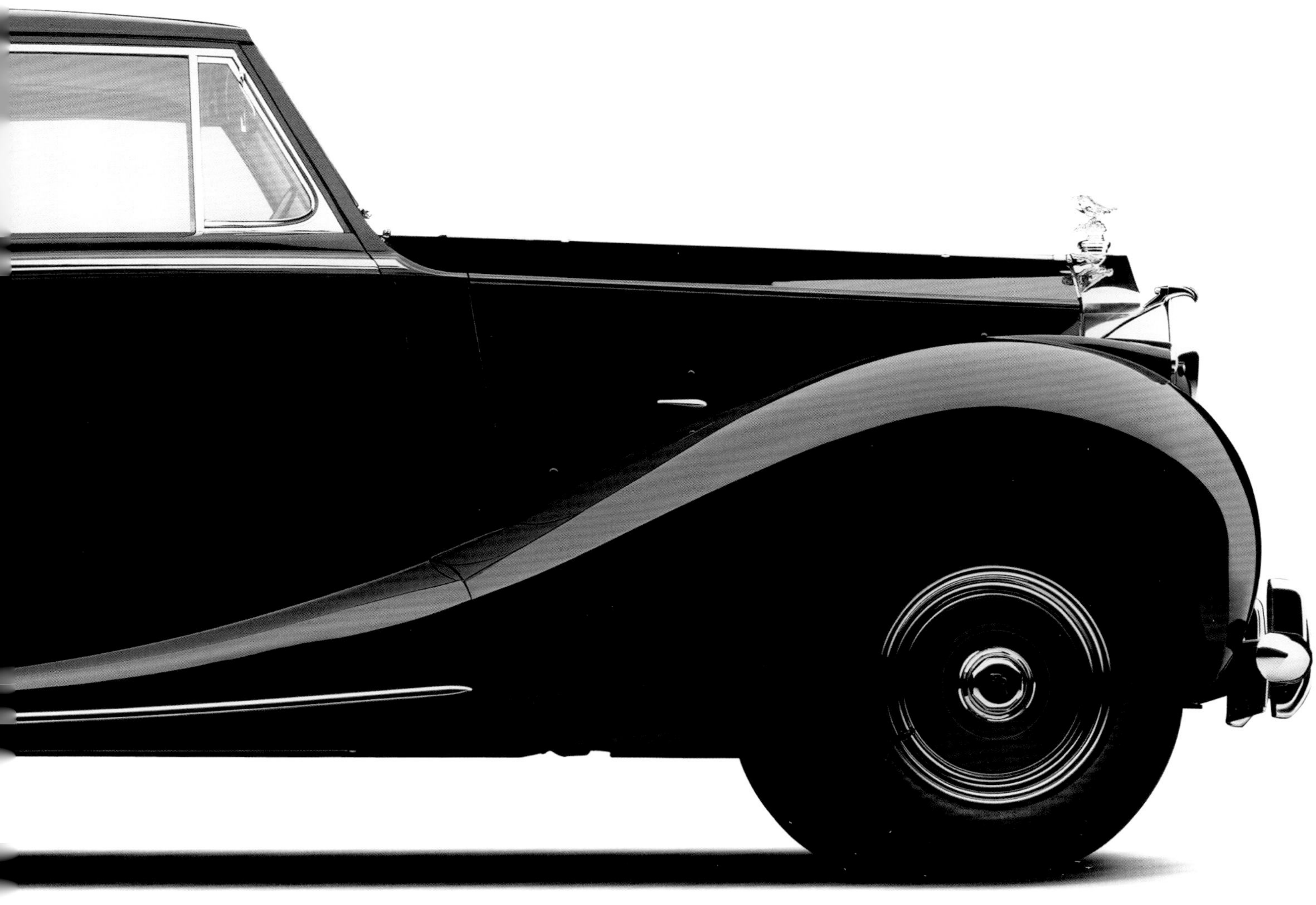

1950 Rolls-Royce Silver Wraith

Karosserie von Hooper

Die frühen 1950er-Jahre

1951 Buick LeSabre

Kühlerfigur
1950 Packard Custom Eight Cabriolet

Ausschnitt Kühlermaske
1952 Studebaker Commander Cabriolet

1950 Packard Custom Eight Cabriolet

1952 Studebaker Commander Cabriolet

1951 Hudson Hornet

1951 Hudson Hornet

1953 Bentley Continental R

Karosserie von H. J. Mulliner

1951 Hudson Hornet

1953 Bentley Continental R

Karosserie von H. J. Mulliner

Kühlerhaubenplakette
1952 Cunningham C-4RK

Kühlerhaubenplakette
1956 Dual Ghia Cabriolet Coupé

1953 Ferrari 375 MM

1953 Ferrari 375 MM

1954 Frazer Nash Le Mans Coupé

1953 Bristol 401

1953 Nash Healey

1953 Chevrolet Corvette

1953 Nash Healey

1953 Chevrolet Corvette

Kühlerhaubenplakette
1953 Nash Healey

1953 Alfa Romeo 1900C SS

Kühlerhaubenplakette
1953 Studebaker Commander Starliner

Kühlerhaubenplakette
1954 Frazer Nash Le Mans Coupé

1955 Triumph TR 2

1960 Triumph TR 3A

1955 Triumph TR 2

1951 Rolls-Royce Silver Dawn

1953 Mercedes-Benz 300 S Cabriolet

1953 Studebaker Commander Starliner

1953 Studebaker Commander Starliner

1953 Cadillac Eldorado Cabriolet

1953 Buick Skylark

1953 Buick Skylark

1954 Dodge Firearrow

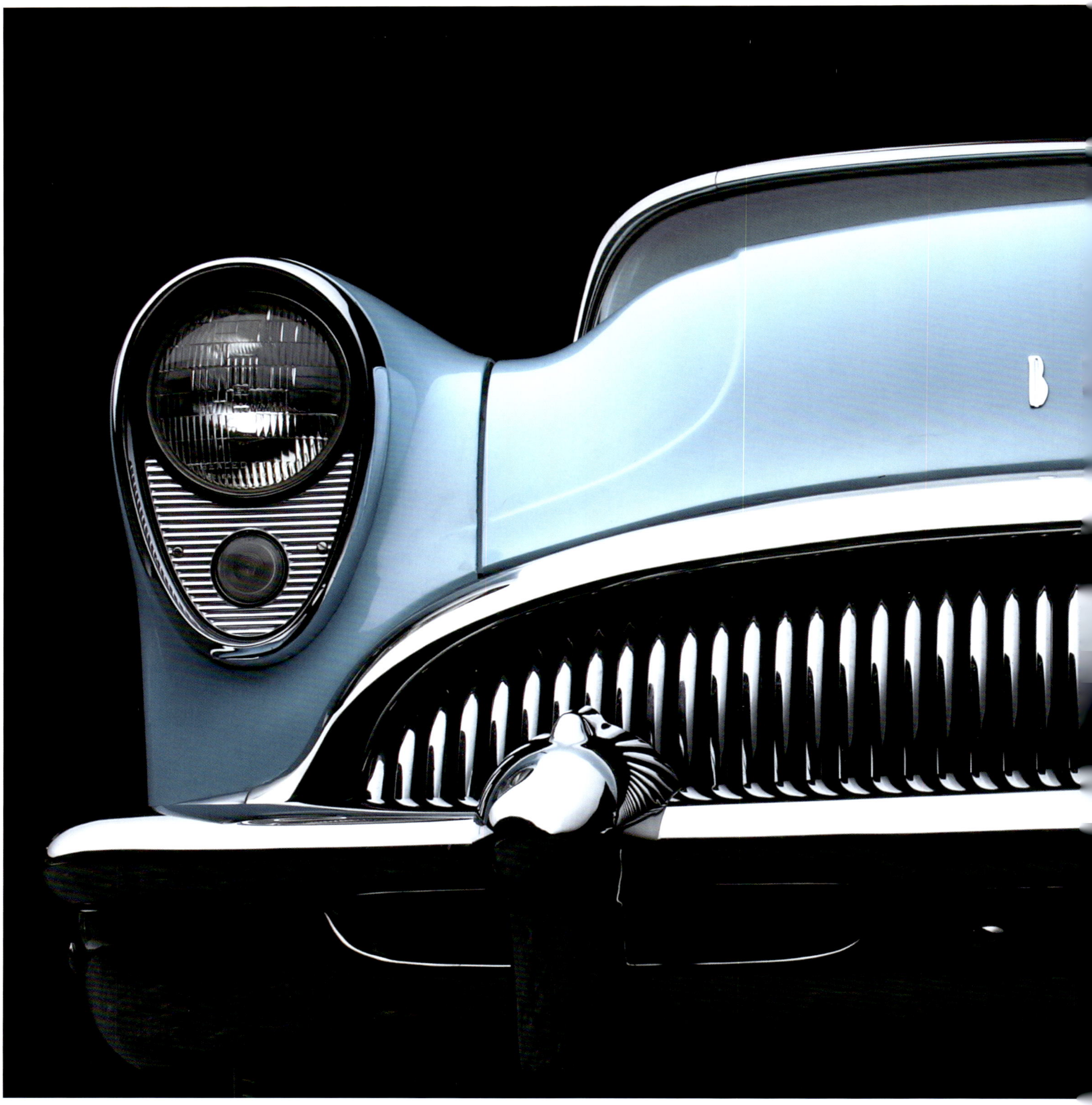

1954 Buick Skylark

1955 Porsche 550 Spyder

1954 Buick Skylark

Ausschnitt Heckflosse
1954 Buick Skylark

Plakette
1954 Buick Skylark

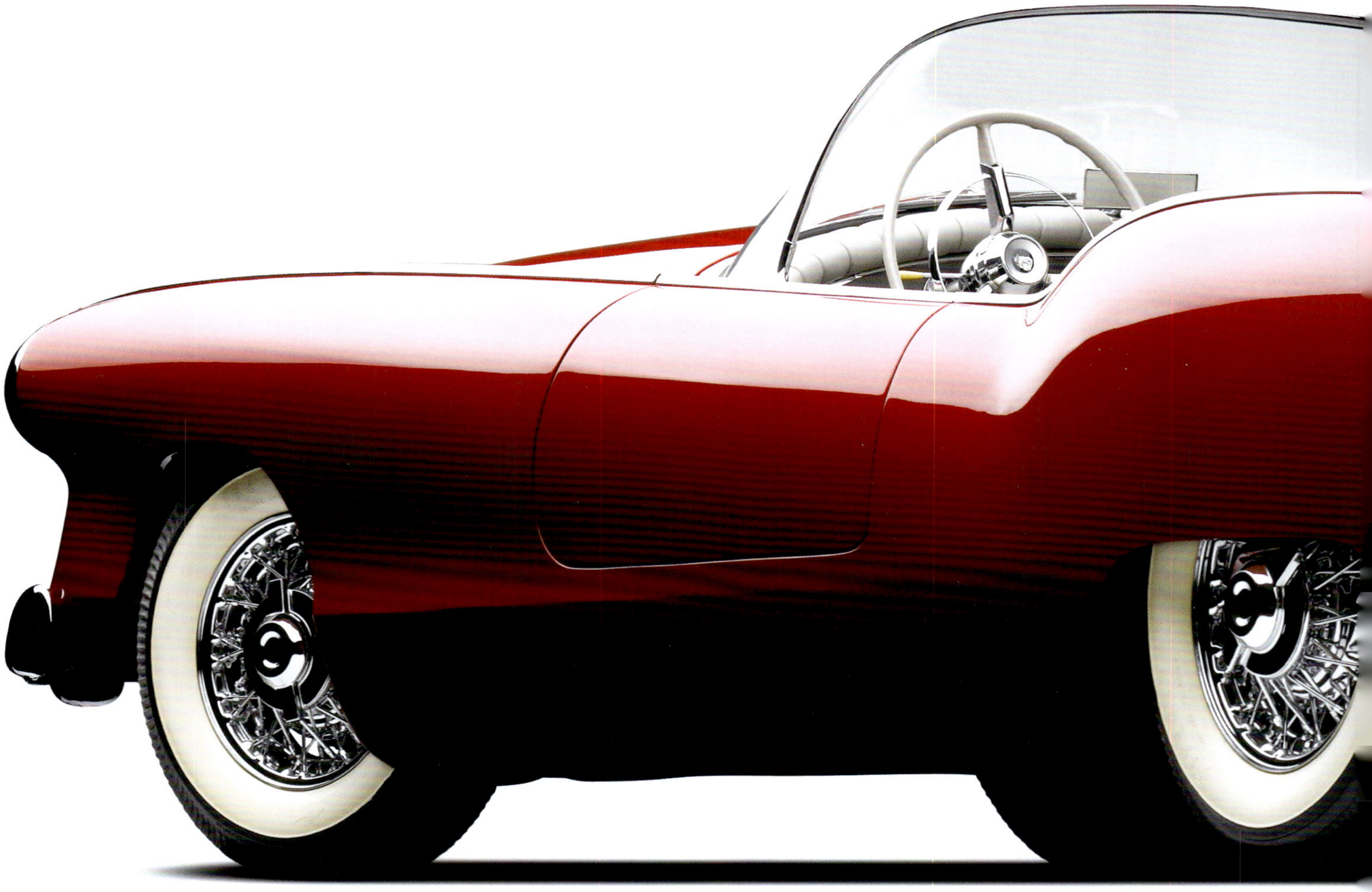

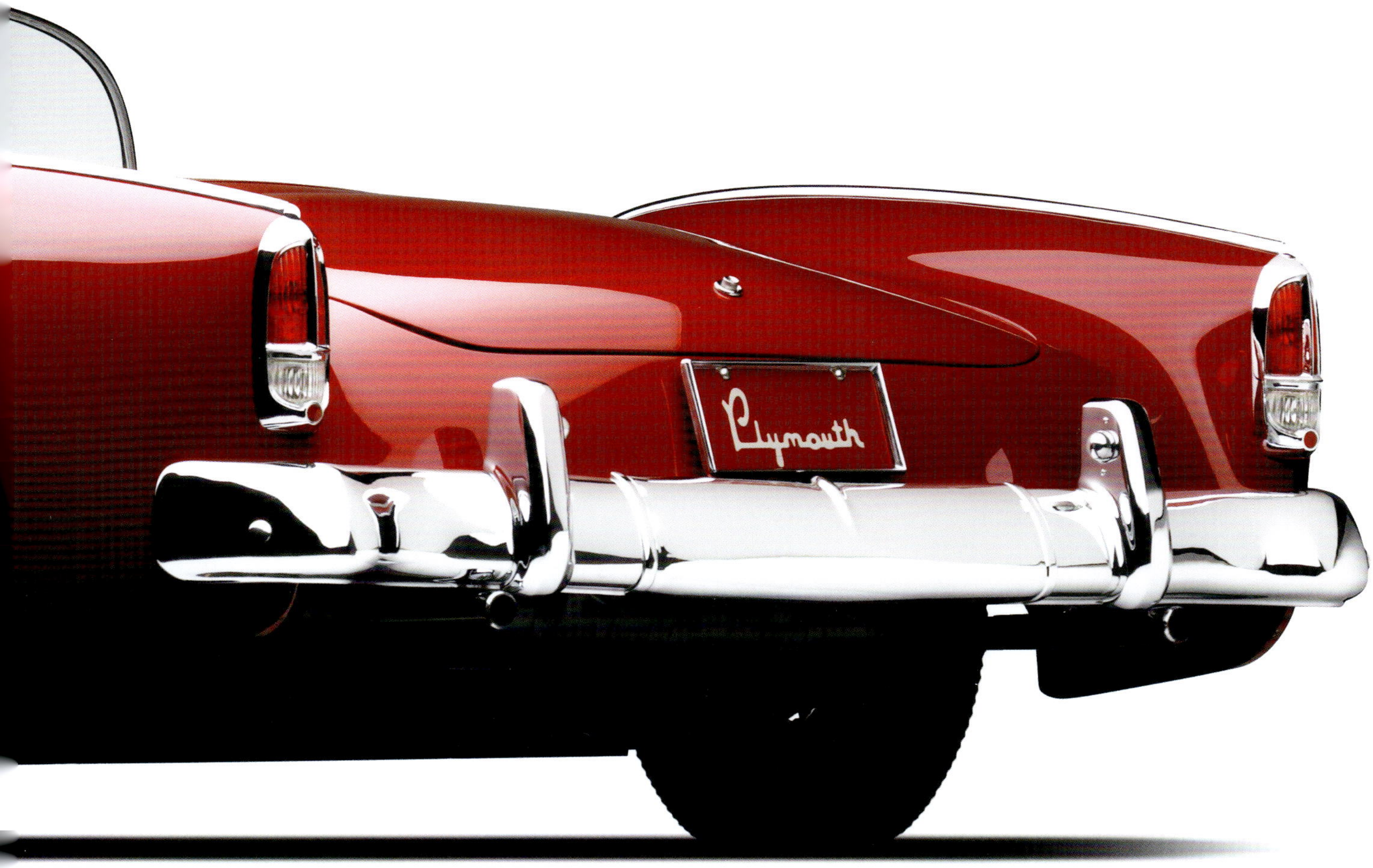

1954 Plymouth Belmont

1954 Plymouth Belmont

1956 Dual Ghia Cabriolet Coupé

Thunderbird

1955 Ford Thunderbird

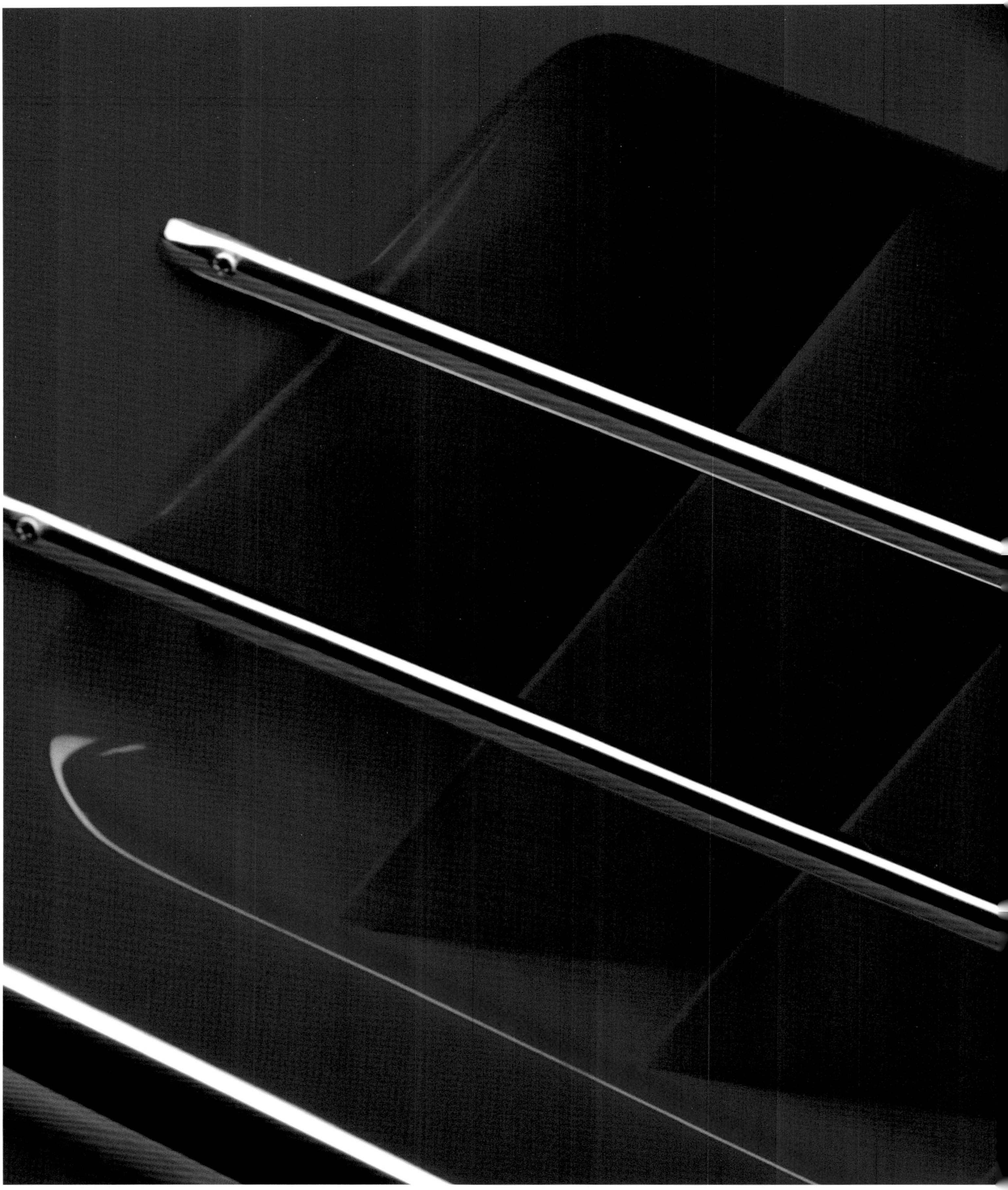

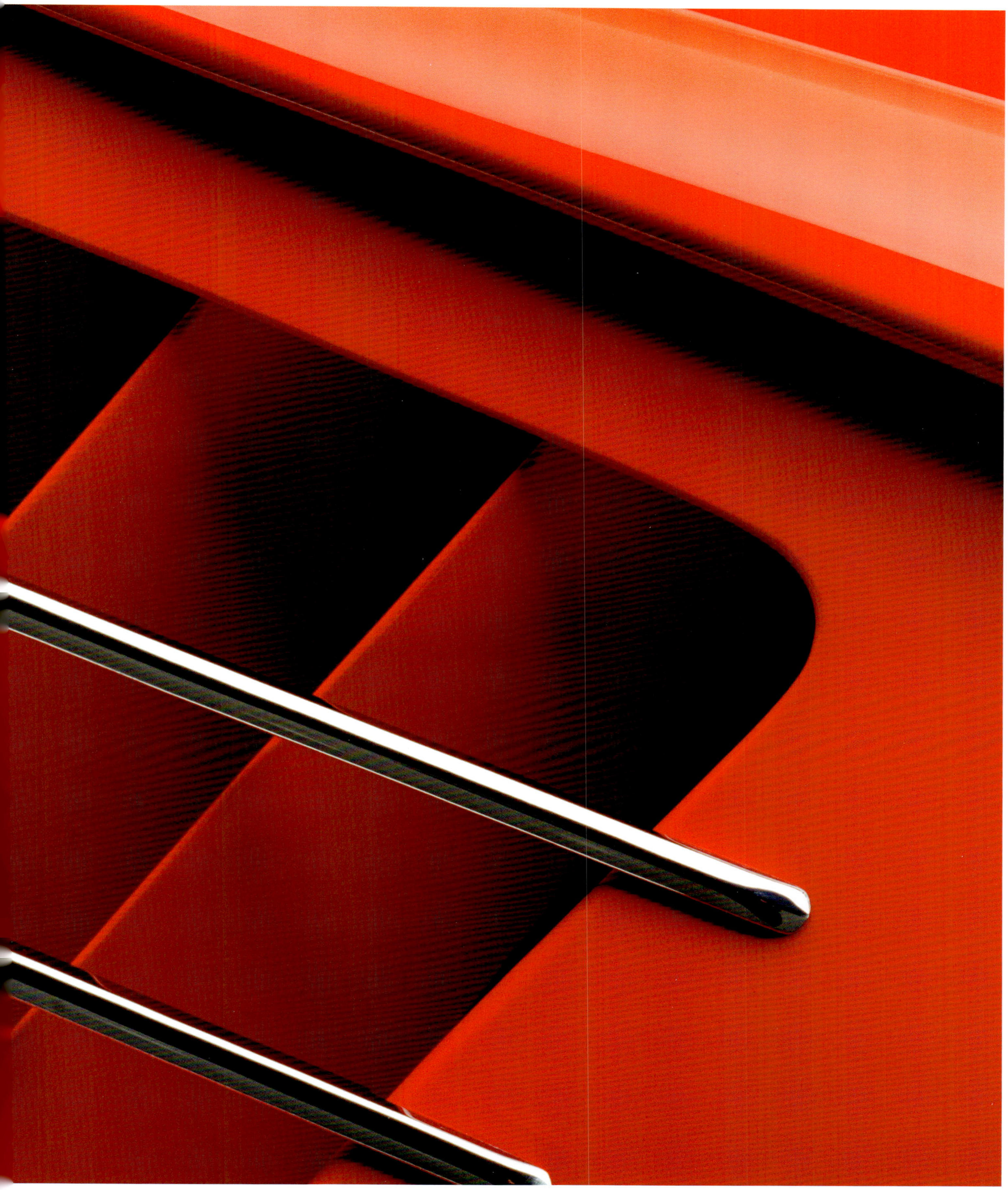

Lufteinlässe
1956 Mercedes-Benz 300 SL Coupé

1958 Mercedes-Benz 300 SL Roadster

1956 Mercedes-Benz 300 SL Coupé

Ausschnitt Kühlermaske

1955 Mercedes-Benz 300 SL Aluminium Coupé

Ausschnitt Sitz

1955 Mercedes-Benz 300 SL Aluminium Coupé

1956 Jaguar 3.4 Limousine

1955 Aston Martin DB2/4 Cabriolet

1959 Aston Martin DB2/4 Mk III

1956 Austin-Healey 100M Le Mans

1956 Nash Metropolitan

1953 Bristol 401

1956 BMW Isetta 300

Plakette

1953 Bristol 401

Ausschnitt Heckdeckel

1955 Chevrolet Nomad

Bel Air

1955 Chevrolet Nomad

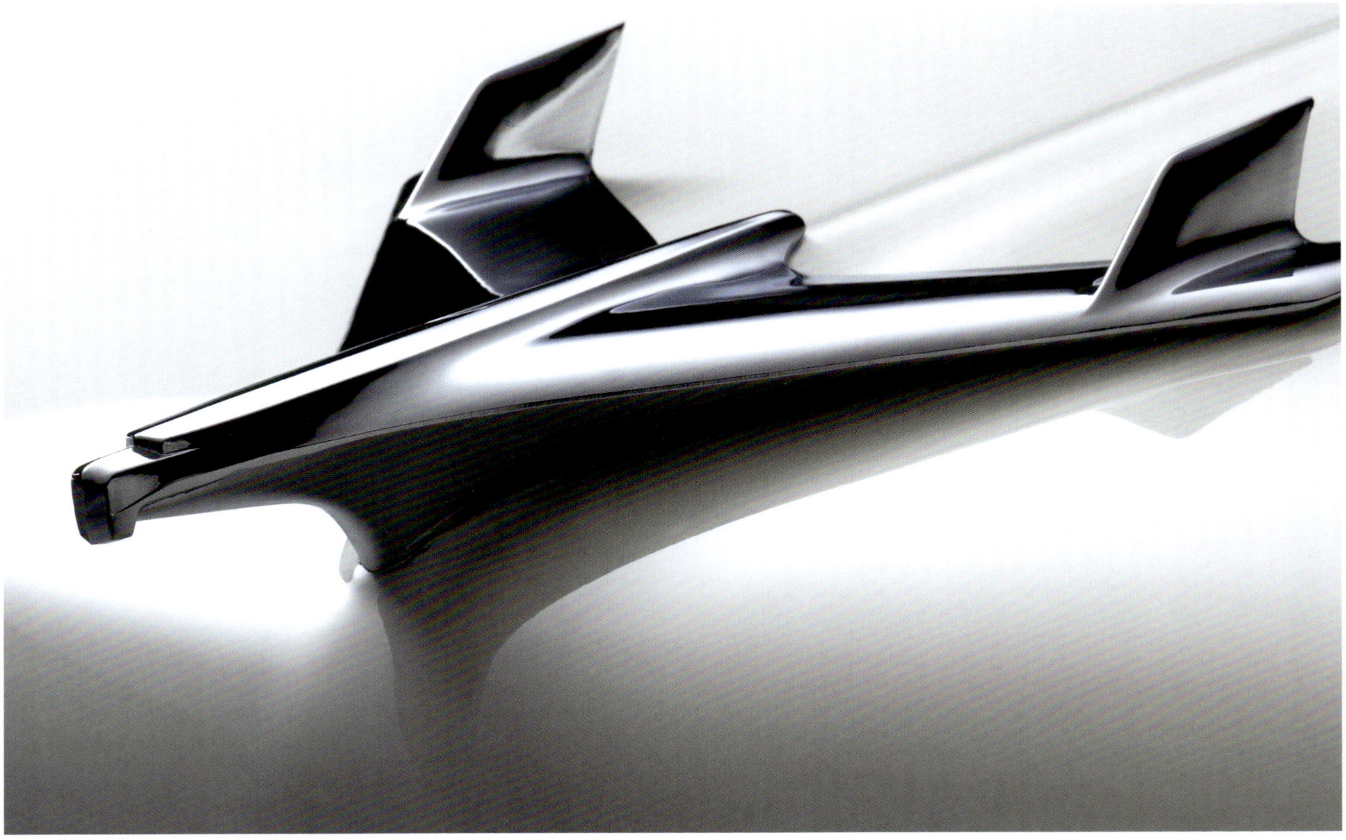

Kühlerfigur
1956 Chevrolet Two-Ten Sportcoupé

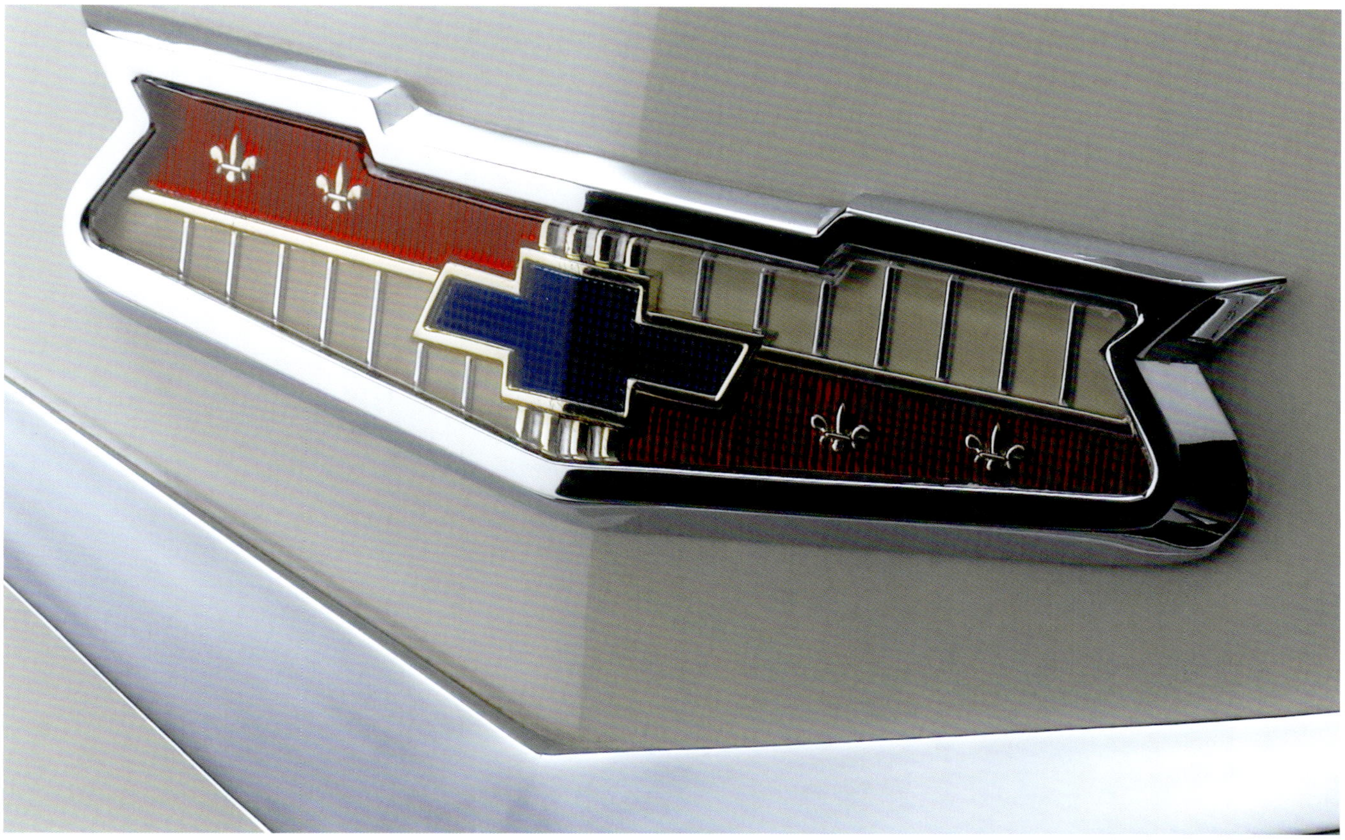

Kühlerhaubenplakette
1956 Chevrolet Two-Ten Sportcoupé

1956 Chevrolet Two-Ten Sportcoupé

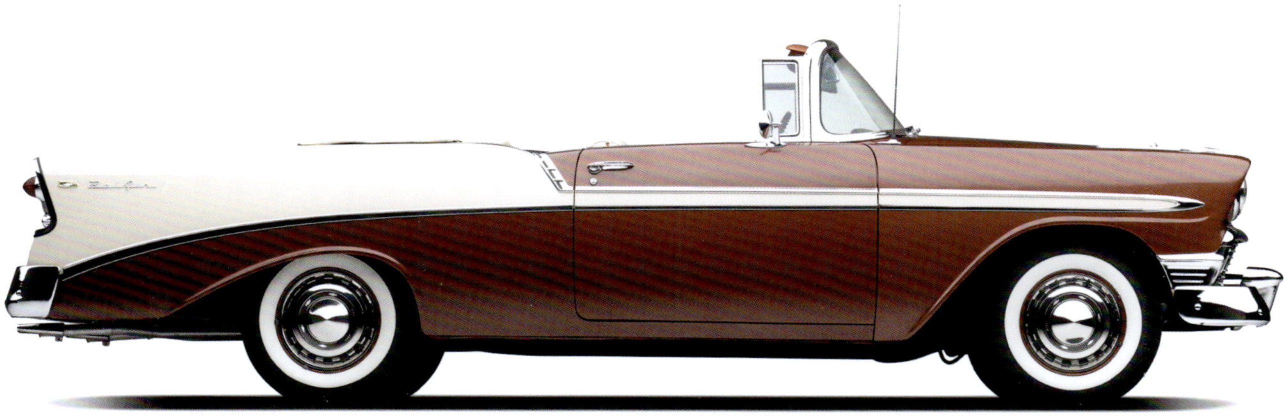

1956 Chevrolet Bel Air Cabriolet

1956 Chevrolet Two-Ten Sportcoupé

Armaturenbrettuhr

1956 Chevrolet Bel Air Cabriolet

Ausschnitt Ersatzradabdeckung
1956 Chevrolet Bel Air Cabriolet

1955 Chrysler Imperial

1955 Chrysler Imperial

1955 Chrysler Imperial

Ausschnitt Konsole
1955 Chrysler Imperial

Heckdeckelplakette
1955 Chrysler Imperial

1956 De Soto Adventurer

1955 Chrysler Imperial

Kühlerhaubenplakette
1955 Chrysler Imperial

Rückleuchte
1955 Chrysler Imperial

Ausschnitt Ersatzradabdeckung
1956 De Soto Adventurer

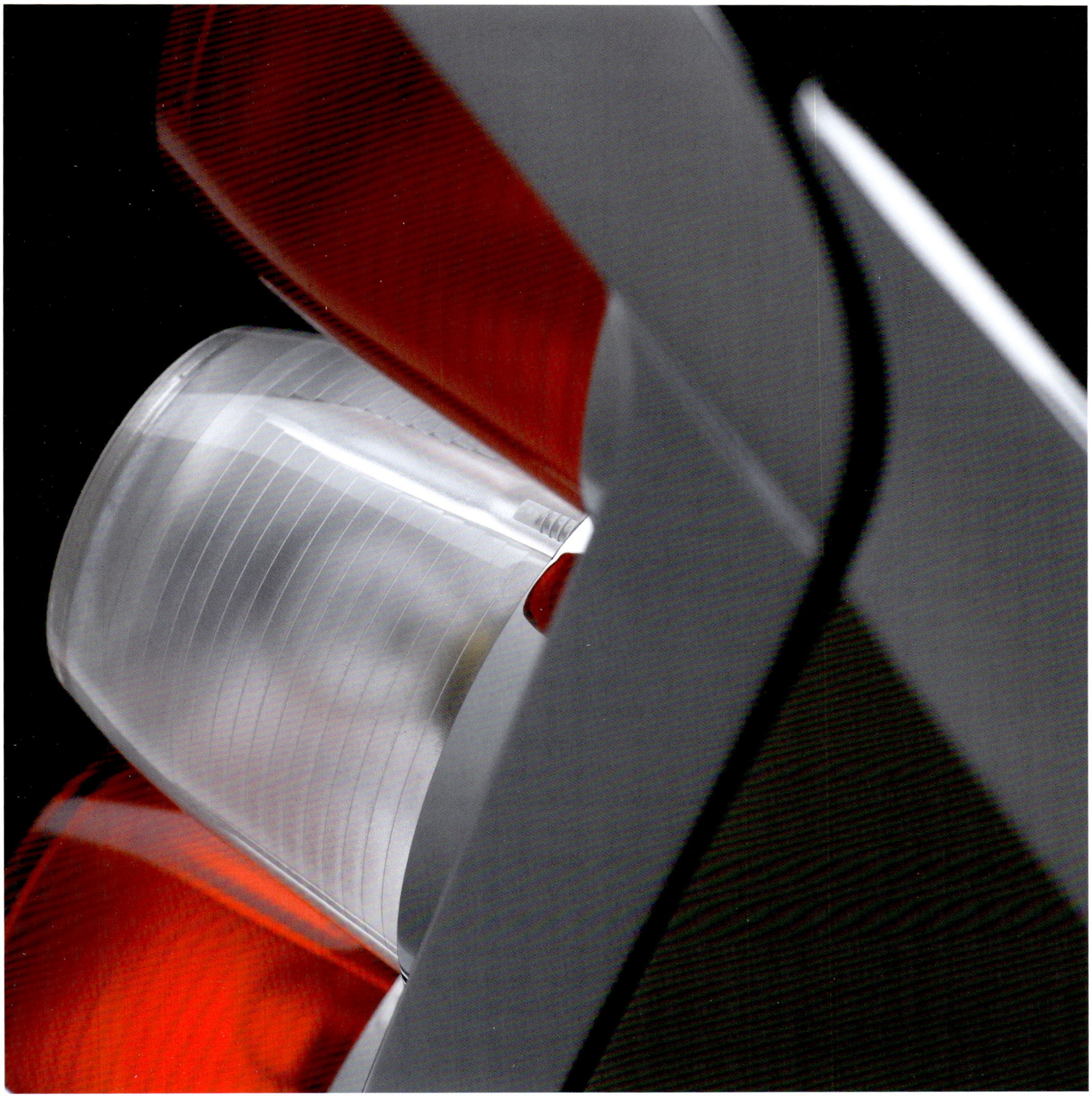

Ausschnitt Rückleuchte
1956 De Soto Adventurer

1956 Lincoln Premiere

1956 Lincoln Premiere

1956 Ford Crown Victoria Skyliner

1956 Ford Crown Victoria Skyliner

Plakette
1956 Ford Crown Victoria Skyliner

Kühlerhaubenplakette
1956 Ford Crown Victoria Skyliner

Ausschnitt geschlossener Reserveradkasten
1956 Ford Thunderbird

1956 Ford Thunderbird

1956 Continental Mk II

1956 Continental Mk II

Ausschnitt Rückleuchte
1956 Continental Mk II

1956 Continental Mk II

Die späten 1950er-Jahre

300
C

1957 Chrysler 300C

1958 Chrysler 300D Cabriolet

1957 Ford Fairlane 500 Skyliner

1959 De Soto Adventurer Cabriolet

1957 Chevrolet Bel Air Cabriolet

1957 Chevrolet Bel Air Cabriolet

1957 Oldsmobile Super 88 Cabriolet

1957 Cadillac Eldorado Brougham

1957 Pontiac Star Chief Custom Safari Kombi

1957 Pontiac Star Chief Custom Safari Kombi

Kühlerhaubenplakette und Ausschnitt Kühlermaske

1957 Pontiac Star Chief Custom Safari Kombi

Kühlerfigur
1957 Oldsmobile Super 88 Cabriolet

1958 Chevrolet Bel Air Impala Coupé

1958 Chevrolet Bel Air Impala Coupé

Aufkleber
1958 Ferrari 250 Testa Rossa

Ausschnitt Radlauf
1958 Ferrari 250 Testa Rossa

1958 Ferrari 250 Testa Rossa

1958 Porsche 718 RSK

1957 Lancia Aurelia

1956 Porsche 356 A Carrera Speedster

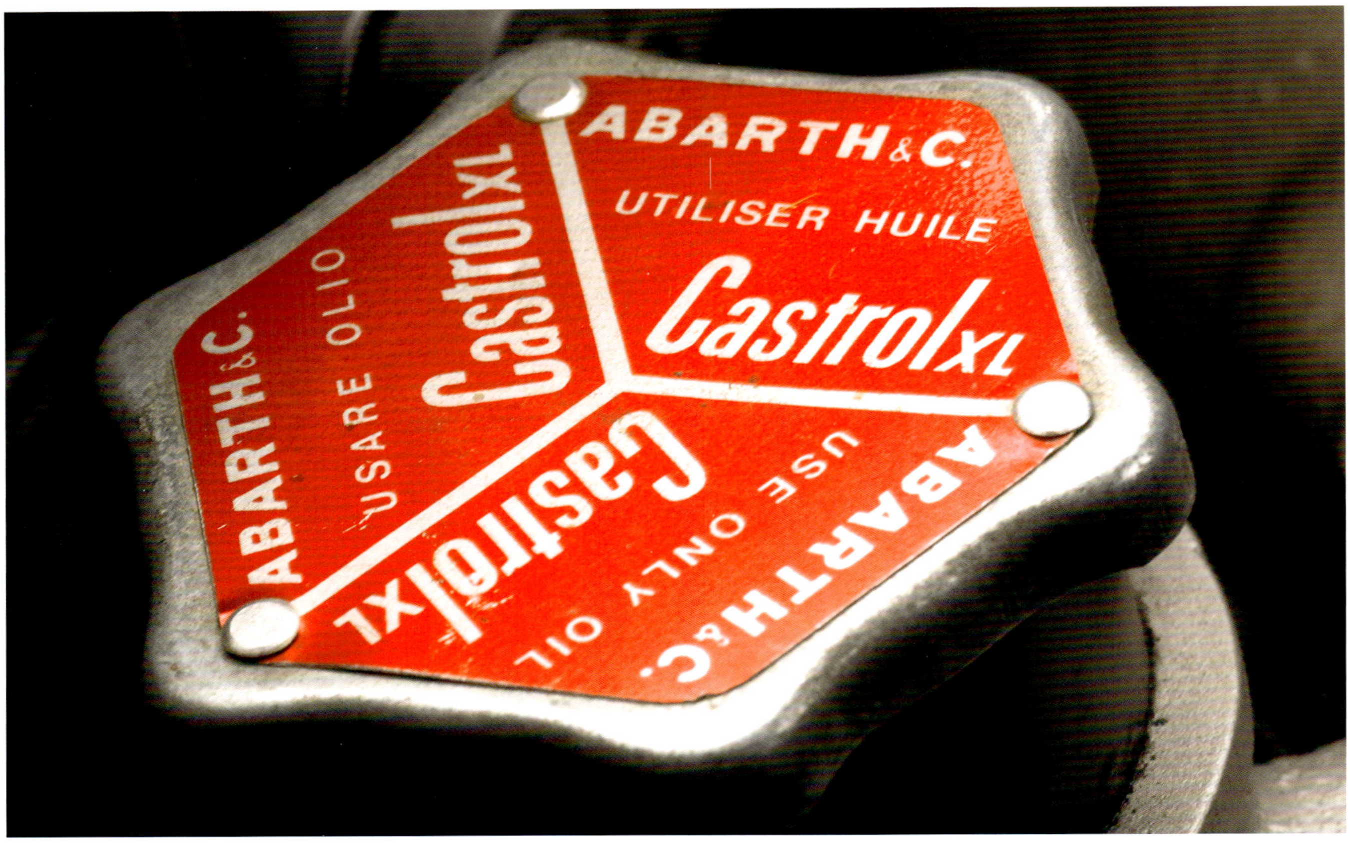

Ölverschlusskappe
1959 Fiat Abarth Rekord Monza Bialbero Zagato

Ausschnitt Lenkrad

1957 Lancia Aurelia

1958 BMW 507

1958 MGA Roadster

1958 MGA Coupé

1957 O.S.C.A. S 187

Ausschnitt Cockpit

1958 Ferrari 250 Testa Rossa

Ausschnitt Benzintank
1957 O.S.C.A. S 187

Ausschnitt Scheinwerfer

1960 Porsche 356 Carrera GT

Ausschnitt Heckdeckel
1960 Porsche 356 Carrera GT

1959 Saab 750 GT

1959 Fiat Abarth Rekord Monza Bialbero Zagato

1959 Chevrolet Impala Sportcoupé

Ausschnitt Rückleuchte
1958 Chevrolet Bel Air Impala Coupé

Ausschnitt geschlossener Reserveradkasten

1959 Chevrolet Impala Sportcoupé

Ausschnitt Rückleuchte

1960 Pontiac Bonneville Cabriolet

Ausschnitt Türinnenverkleidung
1960 Pontiac Bonneville Cabriolet

1959 Chevrolet Impala Cabriolet

1957 Rolls-Royce Silver Cloud I

Karosserie von H. J. Mulliner

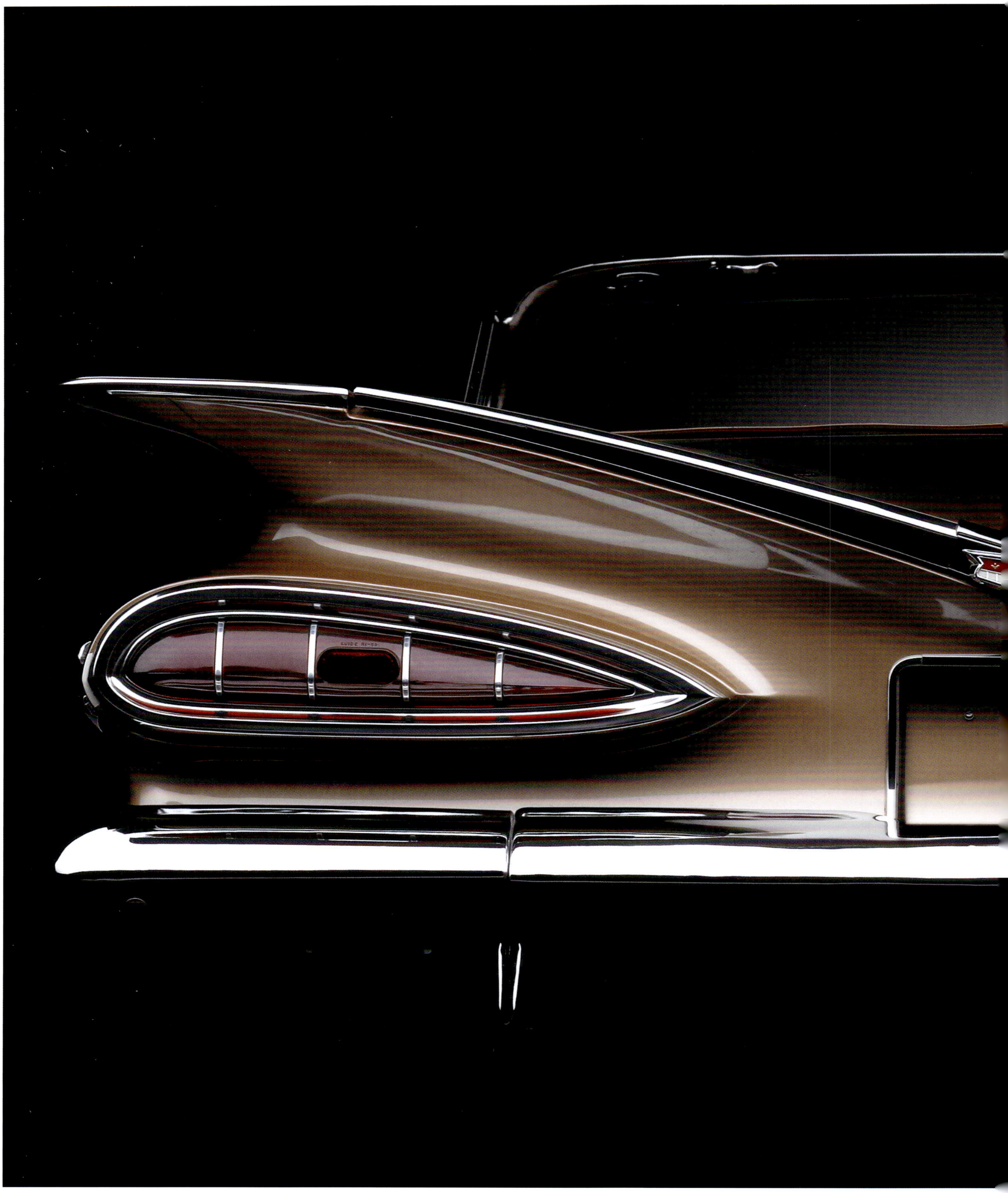

1959 Chevrolet Impala Cabriolet

1957 Chevrolet Corvette

1960 Aston Martin DB4 GT Zagato

1960 Aston Martin DB4 GT Zagato

1960 Aston Martin DB4 GT

1960 Chevrolet Corvette

Ausschnitt Radlauf

1960 Aston Martin DB4 GT

Ausschnitt Kühlermaske
1960 Aston Martin DB4 GT

1960 Chevrolet Corvette

1959 Bentley S-1 Continental Sport Coupé

Karosserie von Park Ward

1959 Firebird III

1959 Cadillac 60 Special Fleetwood

1959 Cadillac Series 62 Cabriolet

1959 Cadillac Eldorado Seville Hardtop

1959 Cadillac Eldorado Seville Hardtop

1959 Cadillac Eldorado Seville Hardtop

Ausschnitt Rückleuchte und Heckflosse
1959 Cadillac Eldorado Seville Hardtop

Die Modelle

ALFA ROMEO
Italien

ASTON MARTIN
England

Alfa Romeo ist eine der berühmtesten Automobilmarken mit einer legendären Renngeschichte und einer Tradition von leichten, schnellen und nur in geringen Stückzahlen gebauten Tourensportwagen. Die Anfänge liegen in einer kleinen Mailänder Firma, der Anonima Lombarda Fabbrica Automobili (A.L.F.A.), die 1915 von dem Industriellen Nicola Romeo gekauft wurde. Romeos Leidenschaft für Rennen und die Arbeit des berühmten Motorenentwicklers Vittorio Jano bescherten der Firma in den 1930er-Jahren eine Anzahl von Siegen in Le Mans, auf der Mille Miglia und bei zahlreichen anderen Grand-Prix-Rennen.

1953 Alfa Romeo 1900C SS

Während des Krieges produzierte Alfa Romeo nur wenige Fahrzeuge. Aber um 1950 begann die Firma in neuen Fabriken ihre Produktion hochzufahren. Orazio Satta, der 1938 zu Alfa gestoßen war, entwickelte die 1900er-Serie mit Vierzylinder-Motoren – ein elegantes Coupé mit einer Karosserie von Touring – und das Pininfarina Cabriolet. Es wurden aber auch andere exklusive Karosserievarianten angeboten.
[Seite 87]

Der erste Aston Martin wurde 1922 hergestellt und fand sofort seinen Platz in der britischen Rennszene. Der Name ist eine Verknüpfung des Nachnamens des Mitbegründers Lionel Martin mit dessen Lieblingsrennen, dem Aston-Clinton-Bergrennen. Auch wenn Martin und sein Geschäftspartner Robert Bramford nur wenige Fahrzeuge herstellten, so waren sie doch in Le Mans, bei der »Ulster Tourist Trophy« und bei den »Double-Twelve«-Rennen in Brooklands erstaunlich erfolgreich. Die Marke wurde allerdings in den folgenden 20 Jahren auch für ihr ständig wechselndes Management und die finanziellen Probleme der Firma bekannt. Erst als der Industrielle David Brown das Unternehmen 1947 übernahm, begann sich die Lage zu stabilisieren. Der Zwei-Liter-Wagen war das erste Fahrzeug der neuen Firma. Im darauffolgenden Jahr übernahm Brown Lagonda und bekam damit Zugriff auf die von W. O. Bentley entwickelten, hoch geschätzten 2580-cm³-Sechs-Zylinder-Motoren mit zwei oben liegenden Nockenwellen.

1955 Aston Martin DB2/4 Cabriolet

Der DB2 erschien erstmalig 1950. Das Zweisitzer-Coupé mit Aluminiumkarosserie war werksintern von Frank Feeley entwickelt und mit einem 105 PS starken Lagonda-Motor bestückt worden. Ende 1953 debütierte der DB2/4 – der Platz für vier Personen bot – mit einem 2922-cm³-Motor und einer Leistung von 140 PS. Fast 500 Schrägheck-limousinen und 75 Cabriolets wurden während der zweijährigen Produktionszeit gebaut.
[Seite 122]

1959 Aston Martin DB2/4 Mk III

Der Mk III war die letzte Variante des ehrwürdigen DB2. Anders als seine Vorgänger wurde das Fahrzeug bei Tickford in Newport Pagnell gebaut, einer Karosserieschmiede, die Brown 1954 übernommen hatte. Freeley frischte das Design auf, indem er Elemente des DB3-Rennwagens übernahm, gab dem Wagen Scheibenbremsen und steigerte die Leistung des Motors auf 178 PS.
[Seite 123]

1960 Aston Martin DB4 GT

Der völlig neue von Tadek Marek konstruierte DB4 war ein größeres Auto mit einem 3670-cm³-Motor und zwei oben liegenden Nockenwellen. Die Produktion wurde im September 1958 aufgenommen, und ein Jahr darauf wurde der GT mit einem kürzeren Radstand und einer bei 6000 Umdrehungen auf 302 PS gesteigerten Leistung vorgestellt. Die berauschende Höchstgeschwindigkeit betrug 273 km/h. Die Karosserie kam von der Carozzeria Touring unter Verwendung der Superleggera-Technologie, wobei die von Hand geformten Aluminiumbleche über den Stahlrahmen gezogen wurden.
[Seiten 224, 226, 227]

1960 Aston Martin DB4 GT Zagato

Zagato aus Mailand machte aus dem DB4 GT einen leichteren und konkurrenzfähigeren Rennwagen. Es wurden nur 19 Exemplare von diesem ultraleichten Auto gebaut, von denen jedes rund 180 Kilo weniger wog als das Serienfahrzeug. Mit seinen weichen, fließenden Linien ist der DB4 GT Zagato zu einem der meistbegehrten »David Brown Astons« geworden.
[Seiten 222, 223]

AUSTIN-HEALEY
England

Donald Mitchell Healey stammte aus dem englischen Cornwall und war in kleine Sportwagen vernarrt. Als junger Mann war er Namenspate für eine Anzahl von hochwertigen Fahrzeugen gewesen, die nur in geringer Stückzahl gebaut wurden, wie zum Beispiel der Nash-Healey oder der Healey Silverstone. Im Austin-Healey wurden Healeys Fahrwerk und Karosserie mit Austins 2,2-Liter-Vier-Zylinder-Motor zusammengefügt. Auf der in den Messehallen von Earl's Court stattfindenden London Motor Show unterzeichnete der Vorstandsvorsitzende von Austin, Leonard Lord, 1952 den Vertrag zur Namensänderung in Austin-Healey.

1956 Austin-Healey 100M Le Mans

Viele amerikanische Soldaten, die von ihrem Dienst in Europa zurückgekehrt waren, hatten Spaß daran gefunden, in ihrer Freizeit britische Sportwagen zu fahren, insbesondere den MG-TC und den Jaguar XK 120. Donald Healey hatte hier für seinen mit Gerry Cooker gemeinsam entwickelten Zweisitzer eine Marktlücke entdeckt. Mit der Unterstützung von Leonard Lord führte er 1953 den Typ 100 auf dem amerikanischen Markt ein. Zwei Jahre später stellen sie den leistungsgesteigerten Typ 100M Le Mans der Öffentlichkeit vor. Beim 24-Stunden-Rennen von Le Mans 1953 machte dieses Fahrzeug der Marke alle Ehre.
Schließlich gingen rund 90 Prozent der Fahrzeuge in den Export und trugen so zur Wiederbelebung der englischen Wirtschaft bei. In Anerkennung seiner Leistung erhob Königin Elizabeth II Healey 1973 in den Adelsstand, indem sie ihn zum »Commander of the Order of The British Empire« machte.
[Seiten 124/125]

BENTLEY
England

Bentley war von W. O. Bentley 1919 als unabhängige Firma gegründet worden. Trotz großer Rennerfolge in den Jahren von 1927 bis 1930, wie zum Beispiel in Le Mans, hatte die junge Firma mit finanziellen Problemen zu kämpfen. 1931 wurde Bentley eine Tochtergesellschaft von Rolls-Royce, was sie bis 2003 auch blieb.
Die Nachkriegsfahrzeuge von Bentley lehnten sich sehr eng an die von Rolls-Royce an, welche immer noch beim Design und der Technik der Vorkriegszeit hängen geblieben waren. Im Frühjahr 1946 debütierte der Bentley Mk VI, der, auch wenn er dem Rolls-Royce Silver Wraith sehr ähnlich sah, mit einer Standard-Karosserie ausgeliefert wurde. Die beiden Marken ähnelten sich noch bis in die frühen 1980er-Jahre hinein, bevor unterschiedliche Designs entwickelt wurden.

1953 Bentley Continental R
Karosserie von H. J. Mulliner

Mit 18 000 Dollar war der viersitzige Continental R das teuerste und schnellste Serienfahrzeug seiner Zeit. Der bei Rolls-Royce arbeitende Stilist John Blatchley formte die mit einem Fließheck versehene Karosserie unter Zuhilfenahme von im Windkanal entstandenen Strömungsstudien. Das bedeutete eine klare Abkehr vom Rolls-Royce Mk VI und brachte dem Typ R den Ruf ein, eines der schönsten Automobile aller Zeiten zu sein.
[Seiten 72, 74/75]

1959 Bentley S1 Continental Sport Coupé
Karosserie von Park Ward

1955 ersetzte der Bentley Typ S den Typ R. Abgesehen von der Kühlermaske war das Auto mit seiner von Pressed Steel gelieferten und entweder von H. J. Mulliner oder Park Ward gestalteten Karosserie identisch mit dem Rolls-Royce Silver Cloud. Allerdings war der zweitürige Continental nur als Coupé oder als Cabriolet erhältlich.
[Seiten 230/231]

BMW
(Bayerische Motoren
Werke)
Deutschland

BMW hat 1916 ursprünglich mit der Produktion von Flugmotoren begonnen; das Markenzeichen stellt einen stilisierten Propeller dar. Aufgrund ihrer Bedeutung für die deutsche Kriegswirtschaft waren die Fabriken in München während des Zweiten Weltkrieges mehrfach das Ziel alliierter Bombardierungen. Die Fabrik in Eisenach begann 1945 mit der erneuten Produktion, während in München 1948 die Produktion von Motorrädern wieder aufgenommen wurde. Das erste in München produzierte Fahrzeug war der 501, der mit dem Motor und dem Getriebe des 326 aus der Vorkriegszeit ausgestattet war. Der 501 setzte BMWs Tradition fort, Fahrzeuge für gehobene Ansprüche anstatt für den Massenbedarf herzustellen. Unglücklicherweise brachte diese Strategie BMW in ernsthafte finanzielle Bedrängnis, denn die notwendige reiche Kundschaft blieb im Nachkriegsdeutschland aus. Aber die Firma hielt sich über Wasser und behielt ihre Unabhängigkeit, nachdem sie 1959 einer Übernahme durch Daimler-Benz getrotzt hatte.

1956 BMW Isetta 300

Um größere Stückzahlen zu erzielen, kaufte BMW vom italienischen Hersteller Iso eine Lizenz für die dreirädrige »Knutschkugel«. Dieses winzige Auto namens »Isetta« hatte eine Lenksäule, die sich beim Öffnen der einzigen Vordertür zusammen mit dieser zur Seite bewegte. Aufgrund des kleinen 245-cm^3-Motors und des einzelnen Hinterrads wurde die Isetta als Motorrad zugelassen und war steuerlich entsprechend begünstigt. Damit war das Auto für den breiten Markt ein attraktives Angebot.

[Seite 129]

1958 BMW 507

Der schöne 507 war BMWs Vorzeigeautomobil der 1950er-Jahre. Von diesem von Albrecht Graf von Goertz konstruierten Automobil, das mit einer Aluminiumkarosserie und einem V-8-Motor versehen war, wurden während seiner fünfjährigen Produktionszeit nur 252 Exemplare gebaut. Das Fahrzeug sollte BMW auf finanziell sichere Beine stellen, aber es war teuer und fand seinen Gegner im Mercedes-Benz 300 SL. Dennoch haben sich Stars wie der Rennweltmeister John Surtees oder Elvis Presley für diesen eleganten Roadster entschieden.

[Seiten 198/199]

BRISTOL
England

Ebenso wie BMW hat die 1910 gegründete Firma Bristol ihre Wurzeln im Flugzeugbau. Nachdem Bristol während des Zweiten Weltkrieges Flugzeuge für die Royal Air Force gebaut hatte, begann man anschließend mit dem Bau von exklusiven und qualitativ hochwertigen Automobilen, um überschüssige Produktionskapazität zu kompensieren. Als Teil der deutschen Reparationsleistungen bekam Bristol Zugang zum Design der BMW-Vorkriegs-Typen 326 und 327 und produzierte den Bristol 400. So ähnelte der 400 mit seiner geteilten Kühlermaske und den geschwungenen Kotflügeln dem BMW 327. Fritz Fiedler, der den Motor für den 328er entwickelt hatte, wechselte später zu Bristol und baute für die Serie 400 den 1971-cm^3-Motor mit 85 PS. Die Marktnische für Bristol basierte aber auf der aus dem Flugzeugbau entlehnten Qualität und der geringen Stückzahl der Fahrzeuge.

1953 Bristol 401

Als 1948 der Typ 401 vorgestellt wurde, war dies das erste Nachkriegsfahrzeug von Bristol. Es war nach den Prinzipien der Superleggera-Technologie konstruiert, indem Aluminiumbleche über einen Rahmen aus dünnen Stahlrohren gezogen wurden. Versuche im Windkanal ergaben eine ebenso effiziente wie mit ihren Rundungen futuristisch anmutende Karosserie. Es wurden lediglich 650 Coupés gebaut.

[Seiten 81, 128, 130]

BUICK
Vereinigte Staaten

Die Buick Motor Company wurde 1903 gegründet, nachdem David Dunbar Buick seinen ersten Benzinmotor gebaut hatte. Das junge Unternehmen benötigte jedoch finanzielle Unterstützung und wurde im darauf folgenden Jahr von William C. Durant erworben. Durant kaufte rasch hintereinander Oldsmobile, Cadillac und Oakland, um daraus die General Motors Corporation zu formen. Mit dem Ruf, zuverlässige Fahrzeuge von guter Qualität zu bauen, wurde Buick zu einer erfolgreichen Marke. 1923 hatte Buick bereits eine Million Fahrzeuge verkauft und sollte bis Ende 1936 noch einmal zwei Millionen mehr herstellen. Während des Zweiten Weltkrieges stellte Buick die Produktion auf Flugzeugmotoren von Pratt & Whitney, Panzerabwehrwaffen von Hellcat und andere kriegswichtige Erzeugnisse um. 1942 gestaltete Harley Earl das Automobil um, wobei er auf Stilelemente seines berühmten Ausstellungsfahrzeugs »Y-Job« von 1938 zurückgriff. Dieses fortschrittliche Design wurde von der Öffentlichkeit positiv aufgenommen und ermöglichte Buick im Oktober 1945 die Rückkehr zur Personenwagenproduktion, ohne dass eine umfangreiche Überholung der Entwürfe oder der Werkzeuge vonnöten gewesen wäre.

1949 Buick Roadmaster Cabriolet

Buick stellte 1949 sein erstes bedeutendes Nachkriegsmodell vor. Harley Earls an Flugzeugrümpfen orientiertes Design ließ die vorderen Kotflügel fast fließend in die hinteren, lediglich ein klein wenig ausgestellten Kotflügel übergehen. Die an ein Fadenkreuz erinnernde Kühlerfigur thronte auf der wuchtigen Kühlermaske, während die Lufteinlässe an den Seiten das aggressive Aussehen des Roadmaster unterstrichen.
[Seiten 42–49]

1951 Buick LeSabre

Der LeSabre war das zweite Fahrzeug, das von Harley Earl und seinem Team der Abteilung »Art & Color« bei General Motors konzipiert wurde. Es folgte der 13 Jahre alten Studie »Y-Job« und verlängerte deren lange, niedrige und aerodynamische Formen in die Zukunft. Der Düsenjäger F-86 stand ebenso Pate für die breite Öffnung in der Mitte der Kühlerhaube wie für den dramatisch gestalteten Kofferraumdeckel und die Heckflossen. Die Aluminiumkarosserie zog sich über einen besonderen Stahlrohrrahmen und bot Platz für ein Faltdach, das sich automatisch schloss, wenn ein zwischen den Vordersitzen eingebauter Regensensor aktiviert wurde. Ein Höhenmesser im Armaturenbrett komplettierte den aerodynamischen Eindruck dieses Automobils.
[Seiten 62/63]

1953 Buick Skylark

General Motors hatte 1953 drei exklusive Cabriolets im Programm: den Buick Skylark, den Cadillac Eldorado und den Oldsmobile Fiesta. Der Stilist Ned Nickles, der schon am Roadmaster von 1949 gearbeitet hatte, setzte die Windschutzscheibe tiefer und versah den Skylark mit Kelsey Hayes Chromspeichenrädern. Es sollte ein Luxus-Automobil für die Reichen sein, das zwar wunderschön, aber mit 5000 Dollar letztendlich doch zu teuer war. Es wurden weniger als 1700 Fahrzeuge verkauft.
[Seiten 99, 100]

1954 Buick Skylark

1954 verkürzte Buick den Radstand des Skylark und senkte den Preis um mehr als 500 Dollar. Die Firma montierte Chromelemente auf die Heckflossen, was das Heck zum attraktivsten Teil dieses Automobils werden ließ. Aber auch diese Umgestaltungen konnten es nicht mehr retten. Vom Skylark wurden nur noch halb so viele Fahrzeuge wie im Jahr zuvor abgesetzt; die Produktion wurde 1955 eingestellt.
[Seiten 102/103, 105–107]

CADILLAC
Vereinigte Staaten

1902 strukturierte Henry M. Leland die vom Untergang bedrohten Henry-Ford-Werke um und benannte sie nach dem Gründer von Detroit, Antoine de la Mothe Cadillac. Leland hatte sich einen guten Ruf als ein der Fabrikationsgenauigkeit verschriebener Autobauer erworben und machte seine neue Firma Cadillac zum »Weltstandard« im Automobilbau. Die Marke wurde 1909 von General Motors übernommen. Wegen des guten Rufes als einer der amerikanischen Hersteller von Luxusautomobilen und mit dem unübertroffenen V-16-Motor gelang es Cadillac die Weltwirtschaftskrise der frühen 1930er-Jahre zu überstehen. Anfang 1942 wurde die Personenwagenproduktion eingestellt, und stattdessen rollten M-5-Panzer und Flugmotoren vom Band. 1946 hatte Cadillac noch über 100 000 offene Bestellungen, und es sollte noch zwei weitere Jahre dauern, bevor das erste neue Modell nach dem Krieg vorgestellt werden konnte.

1947 Cadillac 6207 Club Coupé

Ebenso wie Buick hatte Cadillac 1942 neue Fahrzeuge eingeführt, deren Produktion bis 1947 andauerte. Diese eleganten Autos hatten beeindruckende Ponton-Kotflügel, die bis zu den vorderen Türen reichten. Das aerodynamische Club Coupé – auch »Sedanette« genannt – war mit seiner abfallenden Dachlinie und dem in Bootsform zulaufenden Kofferraum das schönste Model aus der Serie.
[Seiten 34/35, 38]

1948 Cadillac 6207 Club Coupé

Nach dem Zweiten Weltkrieg kam Bill Mitchell, der als Designer mit Harley Earl zusammengearbeitet hatte, zurück in die Cadillac-Studios und entwickelte 1947 die Modelle aus der Zeit vor dem Krieg weiter. Ein Jahr später führte er Heckflossen ein, die das Auto hinten ebenso interessant machen sollten wie vorn. Das von der Lockheed P-38 Lightning

entlehnte Designelement hatte in den 1950er-Jahren den höchsten Wiedererkennungswert und, so Mitchell, »etablierte für Cadillac ein lange währendes Markenzeichen.«
[Seiten 6, 36/37, 39]

1953 Cadillac Eldorado Cabriolet

Der Cadillac Eldorado von 1953 war ein nur in geringer Stückzahl gefertigtes Luxus-Cabriolet. Die tief geschnittene Panorama-Windschutzscheibe beeindruckte ebenso wie das komplett im Kofferraum versenkbare Faltdach. Mit dem Preis von 7750 Dollar war dieses Cabriolet das teuerste in Detroit hergestellte Automobil. Es wurden nur 532 Fahrzeuge verkauft.
[Seite 98]

1957 Cadillac Eldorado Brougham

Ebenso wie der Eldorado reihte sich der Brougham in die Reihe der in geringer Stückzahl gebauten teuren Cabriolets ein. Mit über 13 000 Dollar war er 3000 Dollar teurer als der Lincoln Continental Mk II und wurde auch nur von 400 Kunden gekauft. Dennoch war der Brougham mit einem säulenlosen Dach aus gebürstetem Aluminium, mittig öffnenden Türen und erstmals vier Scheinwerfern Harley Earls Meisterstück. Das Fahrzeug verfügte als erstes über eine Luftfederung, die sich allerdings schnell als anfällig und kompliziert zu warten entpuppte. Nach vier Jahren wurde der Brougham in Italien von Pininfarina mit einer neuen Karosserie versehen. Allerdings gab es auch mit diesem Fahrzeug Produktionsprobleme, weswegen am Ende nur 200 Stück hergestellt wurden.
[Seiten 178/179]

1959 Cadillac Series 62 Cabriolet

1959 Cadillac Eldorado Seville Hardtop

1959 Cadillac 60 Special Fleetwood

1959 Cadillac

Egal, ob sie als Series 62 Cabriolet, als Eldorado Seville Hardtop oder als 60 Special Fleetwood gestaltet waren, werden die Cadillacs des Jahres 1959 immer wegen ihrer Heckflossen in Erinnerung bleiben – den größten und spektakulärsten automobilen Designelemente der 1950er-Jahre. Als eine »klassische Errungenschaft der Eleganz und Anmut des Stylings« vorgestellt, wurden ihnen darüber hinaus von Cadillacs Chefdesigner David Holls Zwillingsrücklichter in Form eines Raketenflugzeugs hinzugefügt, um ihr Aussehen zu perfektionieren.
[Seiten 234–240]

Nur zwei Jahre nachdem William C. Durant General Motors gegründet hatte, verlor er 1910 nach einer Reihe von finanziellen Verlusten die Kontrolle über das Unternehmen. 1912 tat er sich mit dem berühmten Buick-Rennfahrer Louis Chevrolet zusammen, um hochpreisige Automobile zu bauen. Den Gewinn hoffte er dafür verwenden zu können, die Macht bei General Motors zurückzugewinnen. Ein Jahr später änderte Durant seine Strategie, indem er den Bau von preiswerteren Fahrzeugen aufnahm, um die Stückzahlen zu steigern. Chevrolet verließ daraufhin das Unternehmen im Unfrieden, aber Durant erreichte sein Ziel, mit den Mitteln aus dem operativen Geschäft, die Macht bei GM zurückzuerobern. 1919 verleibte er seinem Konzern die Marke Chevrolet ein. Nach nur acht Jahren war Chevrolet zum größten Automobilhersteller der Welt geworden. Die Marke beherrschte den Markt für preiswerte Fahrzeuge von 1931 bis 1959 und verkaufte in 26 der 28 Jahre mehr Automobile als dieser direkte Konkurrent Ford. Wie auch die anderen Marken von General Motors produzierte Chevrolet bis 1948 weiter Vorkriegsmodelle. Erst 1949 wurde das erste Fahrzeug im Nachkriegsdesign vorgestellt. Diese Autos waren konservativ und verkauften sich gut, ließen sich aber mit den späteren eleganten und leistungsstarken Fahrzeugen der 1950er-Jahre, die von den heutzutage berühmten 4,3-Liter-V8-Motoren »kleinen Blöcken« angetrieben wurden, überhaupt nicht vergleichen.

1955 Chevrolet Nomad

1954 präsentierte Chevrolet die Corvette Nomad im New Yorker Waldorf Astoria. Die Öffentlichkeit bewunderte das ungewöhnliche zweitürige Fahrzeug, weswegen Harley Earl Carl Renner damit beauftragte, sich der Neugestaltung des Chevrolet Bel Air Kombis anzunehmen. Das Ergebnis war der wunderbare Chevrolet Nomad. Seine Besonderheiten waren die »Augenbrauen« über den Scheinwerfern, das Waffeleisenmuster im Innenraum, ein geripptes Dach und die unverkennbaren B-Säulen. Der Chevrolet Nomad war mit einem Preis von 2571 Dollar das teuerste Fahrzeug der Marke Chevrolet.
[Seiten 131, 132/133]

1956 Chevrolet Two-Ten Sportcoupé

1956 Chevrolet Bel Air Cabriolet

1956 Chevrolet

Die Chevrolets von 1956 setzten die Designlinie von 1955 fort. Der Two-Ten lag als Chevrolets Mittelklasse-Fahrzeug preislich zwischen dem günstigen One Fifty und dem teureren Bel Air. Mehr als 737 000 Two-Tens wurden gebaut, davon aber nur 18 000 Sportcoupés. Der Bel Air war Chevrolets teuerstes im Angebot befindliches Fahrzeug, welches mit unterschiedlicher Motorisierung und mit vielen Sonderausstattungen bezogen werden konnte. Chevrolet hat davon mehr als 668 000 Stück gebaut. Dies hatte zur Folge, dass die Gesamtproduktion von Chevrolet auf über 1,5 Millionen Einheiten anwuchs, was einem Marktanteil von 27 Prozent entsprach.

[Seiten 134–141]

1957 Chevrolet Bel Air Cabriolet

Das 1957er-Modell hatte einen 4,6-Liter-V8-Motor mit Direkteinspritzung und leistete 283 PS (was dem in Inches gemessenen Hubraum – er betrug 283 Kubik-Inches – 1 : 1 entsprach). Die Karosserie wurde vom Modell des Jahres 1955 übernommen, hatte aber neue Designakzente und leuchtendere Farben, die die Erscheinung des Fahrzeugs insgesamt auffrischten. Dieses Nachfolgemodel wurde in noch größerer Stückzahl gebaut als sein Vorgänger von 1955 und fand über 700 000 Käufer.

[Seiten 174, 175]

1958 Chevrolet Bel Air Impala Coupé

Mit einem um 6,4 cm längeren Radstand, einem neuen Vier-Augen-Gesicht und anmutig geschwungenen Heckflossen wurde der Bel Air 1958 von GM völlig neu gestaltet. Das Fahrzeug war auch mit viel Aluminium-Zierrat versehen, während die dreigeteilte Rückleuchte das noble Model Impala kennzeichnete.

[Seiten 184–187, 212]

1959 Chevrolet Impala Cabriolet

1959 Chevrolet Impala Sportcoupé

1959 Chevrolet Impala

Im Oktober 1958 stellte Chevrolet seine Fahrzeugpalette für 1959 vor. Die neuen Autos waren länger, niedriger und breiter, und stellten eine völlige Abkehr von den bisher eher konventionell proportionierten Fahrzeugen der vorangegangenen Jahre dar. Ihr hervorstechendstes Merkmal war aber die Gestaltung des Hecks mit Rückleuchten wie Katzenaugen, die unter gigantischen Brauen hervorstachen. Das Impala Cabriolet, so rühmte Chevrolet sein Fahrzeug, »bringt den Zauber des Cabriolets authentisch auf die Straße«, während das Sportcoupé mit seinem »funkelnden und mit klaren Linien gezeichneten Hardtop, welches über das Heckfenster hinaus steht, einen fast unbegrenzten Blick nach hinten freigibt.«

[Seiten 210/211, 213, 216, 218/219]

CHEVROLET CORVETTE
Vereinigte Staaten

Harley Earl wollte einen Sportwagen bauen, der sich mit dem britischen Jaguar XK 120 messen konnte. Mit diesem Ziel vor Augen entwarf er die Corvette und stellte sie 1953 auf dem GM eigenen Motorama-Rundstreckenkurs vor. Der kleine Zweisitzer wurde begeistert aufgenommen und ging sofort in die Produktion. Die Corvette ist seit über 50 Jahren das Hochleistungsfahrzeug der Marke Chevrolet und gilt als »Amerikas Sportwagen« schlechthin.

1953 Chevrolet Corvette

Am 10. Juni 1953 liefen die ersten von 315 Fahrzeugen in Flint im Bundesstaat Michigan vom Band. Die Corvette bezog die meisten Teile aus dem herkömmlichen Teilebestand von Chevrolet, so auch den um 33 Zentimeter gekürzten Rahmen in den ein 3,8-Liter-V6-Motor mit einer Zweigang-Automatik eingebaut wurde. Unglücklicherweise waren die einzigartigen, von Hand gefertigten Glasfaserkarosserien ohne Türgriffe und versenkbare Seitenscheiben ausgestattet, was dem teuersten Chevrolet einen nur begrenzten Luxus verlieh.

[Seiten 83, 85]

1957 Chevrolet Corvette

Der Ingenieur Zora Arkus-Duntuv hat 1956 als Erster einen V8-Motor in die überarbeitete Corvette eingebaut. Aber es sollte noch bis 1957 dauern, bis die Corvette den Antrieb bekam, der ihrem aggressiven Auftritt entsprach. Der 4,6-Liter-V8-Motor mit Einspritzung leistete 283 PS und sorgte für eine Beschleunigung von null auf hundert in 5,7 Sekunden.

[Seiten 220/221]

1960 Chevrolet Corvette

Die Corvette von 1960 verlor ihre »bissige« Kühlermaske und ihre abgerundeten hinteren Kotflügel, bekam dafür aber ein Vier-Augen-Gesicht und kraftvollere Motoren mit über 300 PS. In dem Jahr wurden über 10 000 Einheiten verkauft, was der Corvette eine gute Zukunft sicherte.

[Seiten 225, 228/229]

CHRYSLER
Vereinigte Staaten

Nachdem Walter Percy Chrysler über 20 Jahre für andere Hersteller gearbeitet hatte, hat er 1924 die Chrysler Corporation gegründet. 1928 übernahm er die Dodge Brothers Company und führte die Marken Plymouth und De Soto ein, womit Chrysler zu einem der »Großen Drei« unter den amerikanischen Autoherstellern avancierte. 1934 präsentierte Chrysler den aerodynamischen Airflow, dessen fortschrittliches Design sich durch einen schräg gestellten Kühler, eine ebenso schräge Windschutzscheibe, in die Kotflügel integrierte Scheinwerfer und eine Ganzstahlkarosserie auszeichnete. Auch wenn der Airflow sich als zu extrem erwies und die Produktion nach nur drei Jahren wieder eingestellt wurde, darf man seine Bedeutung für das Chrysler-Design der Nachkriegszeit keinesfalls unterschätzen.

1948 Chrysler Town & Country Cabriolet

Chrysler verwendete bis 1949 Modellentwicklungen aus der Vorkriegszeit, wobei der Town & Country das Brot-und-Butter-Fahrzeug war. Das 1947er-Modell, welches als Coupé und als Cabriolet angeboten wurde, basierte auf der Town & Country Kombilimousine von 1941, welche mit einem Eschenholzrahmen und einem Mahagoni-Armaturenbrett geliefert worden war. Diese Fahrzeuge waren die ersten ihrer Kategorie, die den Komfort eines Personenkraftwagens boten und sich damit von den auf Nutzfahrzeugchassis aufgebauten Produkten der Konkurrenz abhoben. Aber wie bei den Vorkriegsmodellen wurden immer noch ein tragender Holzrahmen, Sperrholz-Paneele und eine wollene Innenraumausstattung verwendet.
[Seite 30]

1955 Chrysler Imperial »Keller« Cabriolet

1955 Imperial

1955 Chrysler Imperial

Für mehr als zwei Jahrzehnte war der Chrysler Imperial das Spitzenprodukt der Marke. 1955 wurde daraus ein eigenes Geschäftsfeld, um Cadillac und Lincoln besser Paroli bieten zu können. Um diese Fahrzeuge aufzufrischen, entwickelte Chryslers Designchef Virgil Exner eine elegante neue Formgebung, den »Forward Look«. Alle Fahrzeuge aus dem Jahre 1955 waren Limousinen – mit Ausnahme des Wagens für den Vorstandsvorsitzenden von Chrysler, Kaufman T. Keller. Abweichend von Exners Design hat Keller eigene Vorstellungen in dieser Spezialanfertigung verwirklicht, insbesondere einen verkürzten Radstand, die tiefer geschnittene Panoramawindschutzscheibe und den geschlossenen Kasten für das Reserverad. Viele von Kellers Modifikationen wurden in späteren Imperial-Modellen aufgenommen.
[Seiten 142–147, 149–151]

1957 Chrysler 300C

1958 Chrysler 300D Cabriolet

Chrysler 300

Der Chrysler 300 wird durch seinen »Hemi«-Motor charakterisiert, wobei sich die Zahl 300 auf die Leistung von 300 PS bezieht. Das Originalfahrzeug von 1955 basierte auf einer Limousine vom Typ New Yorker und hatte viele hochwertige Elemente aus dem Imperial übernommen. 1956 kam das Fahrzeug als 300B auf den Markt und mit der Einführung der Modelle 300C und 300D in den folgenden Jahren wurde die Tradition der »Letter Cars« (Buchstaben-Autos) begründet. Das 1957er-Modell bekam ein neues Design von Virgil Exner mit den größten Heckflossen, die Chrysler je gezeigt hatte, um die weniger bemerkenswerten Karosserien der vorherigen Jahre hinter sich zu lassen. Das Fahrzeug war zudem leistungsoptimiert und erhielt den Ruf vom Chrysler 300 als dem schnellsten und leistungsstärksten Serienfahrzeug in Amerika aufrecht.
[Seiten 2, 168–171]

CISITALIA
Italien

1939 gründete der ehemalige Fußballstar und Amateurrennfahrer Piero Dusio das Consorzio Industriale Sportiva Italia, um Sportausrüstung herzustellen. Nach einigen erfolgreichen Jahren richtete Dusio sein Augenmerk 1946 auf den Bau eines leichten und schnellen Monoposto-Rennwagens, der mit einem Fiat-Motor ausgerüstet war. Kurz darauf folgten zweisitzige Rennfahrzeuge und andere offene Fahrzeuge. 1947 stellte die Marke ein von Pininfarina entworfenes Straßenfahrzeug als Coupé und als Cabriolet vor. Die Wagen waren klein, aber schön: Ein 202 Gran Sport befindet sich in New York im Museum of Modern Art.

1947 Cisitalia 202 SM »Nuvolari Spyder«

Unter der spektakulären aerodynamischen Karosserie des Cisitalia war das Fahrzeug mit dem Getriebe des Fiat 1100 ausgestattet, was leider für ein eher durchschnittliches Fahrverhalten in diesem von Hand gefertigten und ansonsten sehr fortschrittlichen Automobil sorgte. Die Besonderheit dieses Entwurfs mit seinen geschmeidig fließenden Linien waren die hinreißenden Heckflossen, die man später auch in vielen Serienfahrzeugen der 1950er-Jahre wiederfinden konnte.
[Seiten 18, 19]

CUNNINGHAM
Vereinigte Staaten

Briggs Swift Cunningham war ein reicher amerikanischer Sportler und Rennfahrer. Er war darüber hinaus der erste amerikanische Sportwagenhersteller nach dem Krieg. Sein Traum war es, das angesehene 24-Stunden-Rennen von Le Mans zu gewinnen, und zwar möglichst in seinem eigenen Auto. 1951 begann er mit dem Bau seines Traumwagens. Der C-1 war der erste Prototyp, darauf folgten die renntauglichen C-2R. Der darauf folgende C-3 war ein Personenwagen, mit dem Cunningham als eigene Marke in Le Mans auftreten wollte. Aber das Fahrzeug war mit knapp 1600 kg recht schwer und mit 10 000 Dollar auch teuer. Nach nur fünf Jahren wurde die Produktion eingestellt, ohne dass Cunningham seinen Traum jemals erfüllt hätte.

CUNNINGHAM
Fortsetzung

1952 Cunningham C-4RK

Ein C-4RK Coupé und zwei C-4 Roadster beteiligten sich 1952 am Rennen in Le Mans. Die Fahrzeuge waren leichter und leistungsstärker als ihre Vorgänger aus dem Vorjahr, sodass das Coupé in der ersten Runde in Führung lag. Der Zieleinlauf war allerdings enttäuschend, auch wenn ein weiterer Cunningham Roadster mit Briggs Cunningham und Bill Spears im Cockpit Klassensieger wurde und insgesamt den vierten Platz belegte. Die Bezeichnung »K« auf den Coupés bezieht sich auf Dr. Wunibald Kamm und dessen Erfindung der Abrisskante am Heck, die die Aerodynamik verbesserte.
[Seite 76]

DE SOTO
Vereinigte Staaten

Walter P. Chrysler gründete die Marken De Soto und Plymouth 1928 zur Erweiterung des Produktportfolios seines noch jungen Unternehmens. Der De Soto war preislich unter dem Flaggschiff Chrysler angesiedelt, während Plymouth die günstigsten Automobile im Angebot waren. Chryslers Plan ging auf: De Sotos waren ebenso attraktive wie beliebte Personenkraftwagen, bis auch hier am 9. Februar 1942 die Produktion eingestellt wurde. Nach dem Krieg begrenzte Chrysler die De Soto-Produktpalette, aber dennoch gab es eine Anzahl von Limousinen, Taxiausführungen und sonstigen Modellen. In den 1950er-Jahren wurde die Konkurrenz durch die Premiumprodukte von Dodge und den Imperial zunehmend größer und der De Soto, der als preisgünstige Variante der einstmals höchst anspruchsvollen Chrysler-Fahrzeuge seinen Platz im Markt behaupten sollte, kam ins Trudeln. Die Marke wurde 1961 eingestellt.

1956 De Soto Adventurer

1955 wurde der De Soto im Rahmen von Chryslers neuer »Forward Look«-Design-Strategie aufpoliert. Dementsprechend gab es 1956 Veränderungen am Fahrzeug. Das aufsehenerregendste Fahrzeug der Marke war der in begrenzter Stückzahl hergestellte Adventurer. Dieser wurde ausschließlich als zweitürige Limousine mit golden eloxierten Radkappen und einem 320-PS-Motor angeboten. Mit vielen vergoldeten Applikationen innen und außen war der Adventurer das Flaggschiff von De Soto.
[Seiten 148, 152, 153]

1959 De Soto Adventurer Cabriolet

Von 1957 bis 1959 hatten alle Chrysler-Fahrzeuge ausgeprägte Heckflossen. Die ungewöhnlichen Drehsitze in diesem Auto hatten einen Bezug aus weiß-goldenem Nylon und »attraktivem Vinyl.« Der De Soto war in Chryslers Werbesprache »pures Gold – fürs Fahren, für den Stolz und fürs Vergnügen.«
[Seite 173]

DODGE
Vereinigte Staaten

Die Maschinenschlosser John und Horace Dodge produzierten um die Wende des 20. Jahrhunderts in einer kleinen Werkstatt Teile für Fahrräder und Automobile. Nachdem sie auch Oldsmobile und Ford mit Motoren und Getrieben beliefert hatten, produzierten sie 1914 ihr erstes Fahrzeug unter den Namen »Dodge Brothers«. 14 Jahre später kaufte Walter P. Chrysler die Firma für 170 Millionen Dollar als preisgünstige Alternative innerhalb seines Produktportfolios. Dodge stand für solide, aber wenig aufregende Fahrzeuge, ein Ruf, der für die Marke auch nach der Übernahme bestimmend blieb. Erst 1953 versah Vergil Exner die Fahrzeuge mit neuen Karosserien, die, gepaart mit ebenfalls neuen Hochleistungsmotoren, die Fahrzeuge der Marke Dodge auf Rennstrecken konkurrenzfähig machte.

1954 Dodge Firearrow

Die Studien der 1950er-Jahre ebneten dem 1954er-Firearrow den Weg, mit dem Exner bei Dodge neue Akzente setzen wollte. Von den vier hergestellten Firearrows waren drei Cabriolets und einer ein Coupé auf Basis eines regulären 1954er-Dodge-Fahrgestells. Alle vier Fahrzeuge wurden bei Ghia gebaut, wo Chrysler auch schon vorher Studien hatte anfertigen lassen.
[Seite 101]

DUAL MOTORS
Vereinigte Staaten

Dual Motors hat nur acht Jahre existiert. In dieser kurzen Zeit hat die Marke aber die Grundlagen von Virgil Exners amerikanischem Design mit Ghias italienischem Karosseriebau aufs Beste kombiniert. Die Firma war von Eugene Casaroll gegründet worden, der den Prototyp eines Chrysler Firebomb erworben hatte und daraus ein Produktionsfahrzeug mit einer ähnlichen Form machen wollte. Seine Fahrzeuge hatten ein verändertes Dodge-Fahrgestell und einen 5,2-Liter-V8-Motor. Die Herstellungskosten übertrafen allerdings den Verkaufspreis, und es wurden insgesamt nur knapp 200 Fahrzeuge hergestellt.

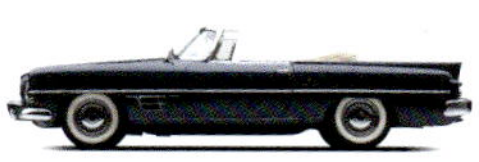

1956 Dual Ghia Cabriolet Coupé

Frank Sinatra und andere Hollywood-Stars fanden diesen wunderschönen offenen Viersitzer attraktiv. Designer Paul Farago hatte die ursprünglichen Formen von Virgil Exner leicht verändert und damit ein praktischeres und komfortableres Automobil geschaffen. Mit seinem Connolly-Leder im Innenraum und der handgefertigten Ghia-Karosserie unterschied sich dieses elegante Automobil deutlich von den großen und überreich garnierten Angeboten anderer amerikanischer Anbieter.
[Seiten 77, 111]

FERRARI
Italien

Enzo Ferrari sah den ersten Rennwagen 1908 im zarten Alter von 10 Jahren. 1920 war er bei Alfa Romeo als Mechaniker und Rennfahrer angestellt. 1929 stellte er die berühmte Rennmannschaft der Scuderia Ferrari zusammen und beteiligte sich mit Alfa-Romeo-Rennwagen, die er mit einem schwarzen aufbäumenden Pferd auf einem gelben Schild versah, erfolgreich an Rennen in Europa. 1940 stellte Ferrari seine ersten Autos unter dem Namen »Auto Avio Costruzioni« vor, da der Name »Ferrari« noch unter Vertrag bei Alfa Romeo stand. Aber die Fabrik in Maranello wurde während des Krieges größtenteils zerstört und konnte erst 1947 wieder aufgebaut werden. Zu dieser Zeit wurde Gioachino Colombo als Designer für das erste Fahrzeug unter dem Namen Ferrari verpflichtet. Seitdem hat die Firma einige der herausragendsten Renn- und Sportwagen der Welt gebaut.

1949 Ferrari 166 MM »Barchetta«

Der 166 MM war Ferraris erstes Serienfahrzeug. Es wurde 1948 auf dem Turiner Autosalon vorgestellt, wo ihm der Kosename »Barchetta«, kleines Boot, verliehen wurde. Die Karosserie stammte von Carlo Felice »Cici« Anderloni und war in dessen Carozzeria-Touring-Werkstätten entstanden. Auch andere Karossiers von Bertone bis Vignale stellten handgefertigte Karosserien für den 166 MM her, der der erste von vielen großartigen Ferraris war.
[Seiten 50–52]

1953 Ferrari 375 MM

Der von Pininfarina konstruierte offene Zweisitzer 375 MM ist einer von vielen mit einem V12-Motor ausgestatteten Ferrari-Sportwagen, die in den 1950er-Jahren gebaut wurden. Der potente 4,5-Liter-V12-Motor hatte eine Leistung von deutlich über 300 PS. Zudem wurde auch ein »Wettbewerbs-Coupé« für das 24-Stunden-Rennen von Le Mans gebaut, welches dort allerdings erfolglos blieb.
[Seiten 78, 79]

1958 Ferrari 250 Testa Rossa

Der berühmte Testa Rossa oder »Rotkopf« hat seinen Namen von den grell-roten Abdeckungen der Nockenwellen der 3-Liter-V12-Motoren. Die ungewöhnliche Front ist das herausragende Merkmal dieses Fahrzeugs. Diese wurde später mehrfach modifiziert, um die Stabilität bei hohen Geschwindigkeiten zu verbessern. Von diesen von Scaglietti karossierten Fahrzeugen mit Ponton-Kotflügeln wurden weniger als 30 Stück gebaut.
[Seiten 188–191, 204]

FIAT
Italien

Die Fabbrica Italiana di Automobili Torino, kurz »Fiat«, wurde am 11. Juli 1899 von einer Gruppe von automobilbesessenen Investoren gegründet. Ihr Kopf, Giovanni Agnelli, stellte die Marke breiter auf, indem er auch andere Transportmittel wie Flugzeuge, Lokomotiven und Schiffe herstellen ließ. Es war ebenfalls Agnelli, der dem italienischen Unternehmen weltweit Präsenz verschaffte, indem er Fabriken in verschiedenen Ländern Europas und Asiens errichtete. 1936 produzierte Fiat seinen ersten Kleinwagen für die Massenmotorisierung, den Fiat 500, genannt »Topolino«. Agnelli liierte sich während des Krieges mit den Antifaschisten, und die Firma konnte auch während der Kriegsjahre – wenn auch auf Sparflamme – weiter produzieren. Kleinwagen waren Fiats Stärke, und Millionen davon wurden nach dem Krieg produziert.

1954 Fiat Abarth Rekord Monza Bialbero Zagato

In den 1930er-Jahren war Karl Abarth österreichischer Motorradrennfahrer, der in Italien lebte. Jahre später begann er mit der Entwicklung von Automobilen, die er seinen geliebten Motorrädern nachempfand: leicht, schnell und wendig sollten sie sein. Abarths wurden auf der Basis von modifizierten Fiat-Fahrgestellen gebaut. Die berühmtesten von ihnen hatten eine von Zagato gestaltete Karosserie mit zwei »Glasblasen« im Dach.

[Seiten 196, 209]

Henry Ford interessierte sich für alle mechanischen Dinge angefangen bei Taschenuhren bis hin zu Geräten für die Landwirtschaft. 1896 experimentierte er an seinem ersten Automobil, dem »Quadricycle« (Vierrad) herum und gründete 1903 die Ford Motor Company. Innerhalb von nur zwei Jahren hatte er 300 Angestellte, die 25 Fahrzeuge am Tag herstellten. Die Fahrzeuge der Baureihen Model T und Model A erfreuten sich großer Beliebtheit und bescherten dem Unternehmen ein ungeahntes Wachstum. 1916 hatte die Firma einen jährlichen Ausstoß von 734 811 Fahrzeugen – fünfmal so viele wie der nächste Konkurrent. Henry Ford war als Pazifist bekannt, aber nach dem japanischen Angriff auf Pearl Harbour stellte er die Produktion seiner Werke auf Militärfahrzeuge um. Gegen Ende des Krieges nahm Ford das Ringen mit Chevrolet um den ersten Platz im amerikanischen Markt wieder auf. Am 3. Juli 1945 rollten die ersten Nachkriegsmodelle vom Band.

1947 Ford Woody Wagon Deluxe

Die aufgestaute Nachfrage nach Automobilen bescherte Ford 300 000 Bestellungen innerhalb von zwei Tagen nach der Produktionsaufnahme im Jahre 1946. Wie zu erwarten, waren diese Fahrzeuge eine Neuauflage der Fahrzeuge von 1942. Ein echter Modellwechsel fand erst 1949 statt.

[Seiten 26/27]

1955 Ford Thunderbird

1956 Ford Thunderbird

Ford Thunderbird

Bei Ford wurde entschieden, ein kleines »persönliches« Fahrzeug als Konkurrenz zu Chevrolets Corvette zu bauen. Der von Frank Hershey gestaltete Thunderbird stellte eine elegante Lösung dar; die Linienführung des Zweisitzers mit abnehmbaren Hardtop war einfach und klar. Das Fahrzeug wurde 1955 vorgestellt und bereits im ersten Jahr 16 155 Mal verkauft, was für Ford einen großen Erfolg darstellte. Im T-Bird konnte man sich sehen lassen: Die Ausführung von 1956 hatte einen hinten angebauten Kasten für das Reserverad und ein unverwechselbares Bullauge im Dach.

[Seiten 112/113, 160, 161]

1956 Ford Crown Victoria Skyliner

Für das 1955er-Modelljahr änderte Ford das Design seiner Fahrzeuge; sie wurden länger, breiter, und sie lagen tiefer. Dieses Aussehen hatte auch 1956 Bestand. Der Fensterrahmen der B-Säule reichte über das Dach, dessen vordere Partie aus Glas war. Es wurden nur 603 Skyliner verkauft, was der Produktion von Automobilen mit Glasdach bei Ford ein Ende setzte.

[Seiten 156–159]

1957 Ford Fairlane 500 Skyliner

Fords Produktpalette bekam 1957 ein aggressiveres Aussehen und dazu passende dekorative Designelemente. Dieses Modell war als Cabriolet oder als »versenkbares Hardtop« erhältlich, welches komplett im riesigen Kofferraum Platz fand.

[Seite 172]

FRAZER NASH
England

Frazer Nash war eine kleine Automobilmanufaktur, die 1924 von Captain Archibald Frazer-Nash gegründet wurde. Die frühen Fahrzeuge waren offene Zweisitzer mit einem Kettenantrieb, die regelmäßig bei Rennveranstaltungen starteten. Kurz vor Ausbruch des Zweiten Weltkrieges – die Firma war zwischenzeitlich von den Brüdern Aldington übernommen worden – begann man mit der Einfuhr von BMWs aus Deutschland. Diese Verbindung führte dazu, dass Fahrzeuge von Frazer Nash in der Nachkriegszeit mit 2-Liter-BMW-Motoren ausgerüstet wurden. In 33 Jahren wurden nur 400 Fahrzeuge gebaut.

1954 Frazer Nash Le Mans Coupé

Norman Culpan und H. J. Aldington errangen 1949 den dritten Platz in Le Mans. Das Le Mans-Replikat wurde zum bekanntesten Modell der Marke, wovon acht Coupés mit eleganten Aluminiumkarosserien gebaut wurden. Die Produktion wurde 1957 eingestellt, nachdem in der Nachkriegszeit insgesamt magere 84 Autos hergestellt worden waren.
[Seiten 80, 89]

GENERAL MOTORS
Vereinigte Staaten

William Crapo Durant hatte 1886 mit dem Bau leichter Fuhrwerke begonnen. 1904 hatte ihn seine Produktionserfahrung gepaart mit seinem Geschäftssinn zum Generaldirektor bei der Buick Motor Company gemacht. Durant verwandelte Buick schnell in die meistbegehrte Marke Amerikas. Anschließend gründete er mit General Motors das größte Industrieunternehmen der Welt, indem er Cadillac, Oldsmobile, Oakland (später Pontiac) und schließlich Chevrolet hinzufügte. 1920 übernahm Alfred P. Sloan Junior das Ruder bei General Motors und formte die unabhängigen Geschäftsbereiche schließlich zu einem zusammenhängenden und effizienten Ganzen. Er war es auch, der den bekannten Stilisten Harley Earl 1927 als ersten Designchef zu General Motors holte und damit die berühmte Abteilung »Art & Color« (Kunst und Farbe) ins Leben rief.
Earls Formgebung hatte einen gewaltigen Einfluss auf die Automobilindustrie. 1938 gestaltete sein Team mit dem Buick Y-Job den ersten »Traumwagen«, der der Finanzwelt im New Yorker Waldorf-Astoria präsentiert wurde. Nach dem Krieg wurden diese prunkvollen Präsentationen als »Motorama« auch der Öffentlichkeit zugänglich gemacht. Motoramas fanden bis 1961 statt.

1959 Firebird III

Fahrzeuge auf der Motorama erregten das öffentliche Interesse, da sie einen Ausblick in die Zukunft gaben. 1959 war das Thema »Fantasie in Bewegung«, das seine Umsetzung im Firebird III fand. Dieses einem Düsenjäger nachempfundene Automobil strotzte vor Neuerungen, die dem Weltraumzeitalter angemessen erschienen: Es verfügte über in die Karosserie eingelassene Finnen, die sich bei hohen Geschwindigkeiten aufstellen ließen und als Luftbremsen wirkten, ebenso wie eine Art Autopilot zur Vermeidung von Unfällen oder auch einen Joystick zwischen den Sitzen, der das Lenkrad ersetzte. Andere, vergleichsweise konventionelle Ausstattungsmerkmale wie ein Tempomat, eine Funk-Fernbedienung, ein früher Bordcomputer oder eine automatische Klimaanlage sollten erst 40 Jahre später zur Serienausstattung von Automobilen gehören.
[Seiten 232/233]

HUDSON
Vereinigte Staaten

Hudson wurde 1909 von ehemaligen Ingenieuren der Marke Oldsmobile in Detroit gegründet. Unter der Führung von Roy D. Chapin wurde der Firma ihr Name nach deren größtem Gönner, Joseph L. Hudson, verliehen. Die Hudson Motor Car Company war eine von vielen amerikanischen Herstellern, die sich im mittleren Marktsegment bewegten. Wie die anderen stellte auch Hudson während des Krieges die Fahrzeugproduktion ein und kam 1948 wieder mit einem neuen Modell auf den Markt – ein Jahr früher als die meisten anderen Hersteller. Die geschmeidigen Fahrzeuge hatten ein neues, tiefer gelegtes Fahrwerk, welches ihnen einen tieferen Schwerpunkt verlieh und damit zu einer Verbesserung der Fahreigenschaften ebenso wie zur Vergrößerung des Innenraums beitrug. Trotz des gelungenen Aufbaus konnte Hudson nicht an die Erfolge der Vorkriegszeit anknüpfen und fusionierte 1953 mit Nash zur American Motors Corporation. Vier Jahre später stellte AMC die Produktion von Hudson ein.

1951 Hudson Hornet

Die Hornet (Hornisse) wurde 1951 vorgestellt und zeichnete sich durch einen hochverdichtenden Motor mit »Power Dome« – einem Zylinderkopf aus Aluminium – aus. Die für einen Renneinsatz angebotenen Sonderausstattungen ließen die Hornet zu einem erfolgreichen Fahrzeug bei NASCAR-Rennen werden, wo sie in 12 von 41 Rennen siegreich war. Unter den Fahrern befanden sich Marshall Teague, Tim Flock und Herb Thomas.
[Seiten 68–71, 73]

JAGUAR
England

William Lyons und William Walmsley gründeten 1928 die Swallow Sidecar Company. Schon bald produzierten sie Sportwagenkarosserien für einige bekannte europäische Marken. Ihr erstes Automobil war 1935 der SS 90. Im darauffolgenden Jahr wurde die Jaguar-Limousine vorgestellt. Im März 1945 änderte die Firma ihren Namen in Jaguar, um den aus dem Zweiten Weltkrieg stammenden unerfreulichen Assoziationen mit »SS« aus dem Weg zu gehen. Die ersten Nachkriegsmodelle, die Mark-V-Limousine und das Cabriolet kamen 1948 auf den Markt, aber es sollten die Hochleistungssportwagen der 1950er-Jahre sein, die der Marke ihren legendären Ruf bescherten.

1952 Jaguar XK 120, offenes zweisitziges Cabriolet

1952 Jaguar XK 120, geschlossenes Coupé

Jaguar XK 120

Der XK 120 wurde im Oktober 1948 auf der London Motor Show in Earl's Court vorgestellt. Mit einem Rahmen aus Eschenholz, über den eine Aluminium-Karosserie gezogen war, stellte das Fahrzeug den Inbegriff von Eleganz dar. Die Zahl 120 bezog sich auf die Höchstgeschwindigkeit (120 mph = 193 km/h), die mit dem 3,5-Liter-V6-Motor ohne Schwierigkeiten erreicht werden konnte. Lyons hatte nicht mit dem unglaublichen Publikumserfolg seines offenen Zweisitzers gerechnet, sondern wollte eigentlich nur 200 Stück davon produzieren. Aber die starke Nachfrage führte innerhalb von sechs Jahren zu über 12 000 gebauten Exemplaren. In der darauf folgenden Zeit wurden auch ein atemberaubendes geschlossenes Coupé und ein luxuriöses Cabriolet zur Serie hinzugefügt.

[Seiten 53–57]

1956 Jaguar 3.4 Limousine

In den späten 1930er-Jahren festigte Jaguar seinen Ruf, schöne Limousinen mit fließender Linienführung herzustellen. Nach dem Krieg richtete sich das Augenmerk der Firma sowohl auf die Fortsetzung der Limousinen-Tradition aus der Vorkriegszeit als auch auf den Bau neuer Sportwagen. 1956 stellte Jaguar eine neue Limousine mit einer selbsttragenden Karosserie vor, die, von Lyons konstruiert, Jaguars bekannte kurvenreiche Linienführung und Sportlichkeit fortsetzte.

[Seiten 120/121]

LANCIA
Italien

Vincenzo Lancia arbeitete als Mechaniker und Rennfahrer für Fiat und entschied sich 1906 eine eigene Firma zu gründen. Von Anfang an standen Lancias für Innovation und Leistung. 1922 ließ Lancia sich die selbsttragende Karosserie patentieren, die er aus dem Schiffsbau abgeleitet hatte, und die erstmals im bemerkenswerten Lancia Lambda zum Einsatz kam. Die futuristisch wirkende Aprilia wurde Ende der 1930er-Jahre vorgestellt und war mit ihrer Einzelradaufhängung und einer im Windkanal getesteten Karosserie ein sehr dynamisches Fahrzeug. Die Fabrik in Turin wurde während des Krieges bombardiert, war aber in der Lage die Produktion der Aprilia bereits 1945 wieder aufzunehmen. In den 1950er-Jahren setzte die schöne Aurelia Lancias Tradition fort.

1957 Lancia Aurelia

Die Aurelia, die der Aprilia nachfolgte, wurde 1950 der Öffentlichkeit vorgestellt und bis 1958 produziert. Zuerst wurde sie als Limousine mit oder ohne Stufenheck und als Coupé angeboten. 1955 erschien das von Pininfarina karossierte Cabriolet. Während des achtjährigen Produktionszeitraums wurden über 16 000 Exemplare gebaut.

[Seiten 194, 197]

Henry M. Leland hatte sich 1917 mit dem Generaldirektor von General Motors, William C. Durant, entzweit und verließ das Unternehmen. Er gründete Lincoln und stellte 1920 das erste Fahrzeug der Marke vor. 1922 befand sich das Unternehmen allerdings in finanziellen Schwierigkeiten und wurde von Henry Ford auf Betreiben seines Sohnes Edsel übernommen. Nach der Übernahme produzierte Lincoln einige der bedeutendsten Automobile der »klassischen Ära«, wovon die von E. T. »Bob« Gregorie gestalteten V-12 Zephyr und Continental die hervorstechendsten sind. Die ersten Nachkriegsfahrzeuge entsprachen den Modellen aus dem Jahre 1942, und es sollte bis 1949 dauern, bevor neue Modelle mit V8-Motoren eingeführt wurden.

1956 Continental Mk II

Nach einer 7-jährigen Abwesenheit ließ Lincoln den Continental wiederauferstehen, um der Konkurrenz von Cadillac und Imperial Paroli zu bieten. Zuerst wurde Continental als ein eigenständiges Geschäftsfeld der Ford Motor Company geführt, aber nach vier Jahren wurde es mit Lincoln zusammengeführt. Das Team für Sonderprojekte mit John Reinhardt, Gordon Buehrig und Bob Thomas zeichnete verantwortlich für das Design dieses eleganten Coupés. Aber weil der Continental zum größten Teil in Handarbeit entstanden war, machte Ford trotz des stolzen Preises von 10 000 Dollar mit jedem Fahrzeug 1000 Dollar Verlust.
[Seiten 162–165]

1956 Lincoln Premiere

Im Gegensatz zur Konkurrenz verschob Lincoln 1955 die Einführung eines neuen Models und trumpfte dafür 1956 mit einer völlig neu gestalteten Produktpalette auf. Diese Fahrzeuge waren rund 18 cm länger und 8 cm breiter und zeigten eine scharfe, abgewinkelte Linienführung. Lincoln verkaufte im ersten Jahr immerhin 50 000 Fahrzeuge, was aber nur ein Drittel des Absatzes von Cadillac entsprach.
[Seiten 8, 154/155]

Seit 1885 hatten Daimler und Benz unabhängig voneinander Automobile produziert, aber die in der Folge des Ersten Weltkrieges schwere wirtschaftliche Lage führte 1926 zur Fusion. In den späten 1920er- und frühen 1930er-Jahren entwickelte der talentierte Ingenieur Ferdinand Porsche die legendären Typen S, SS und SSK für diese neu entstandene Firma. Wie viele Industrieunternehmen war die Firma eng mit dem nationalsozialistischen Regime verbunden, was ursprünglich auf das Engagement im Rennsport und die Produktion von Militärfahrzeugen zurückgeht. Die Fabriken des Unternehmens trugen während des Krieges schwere Schäden davon, jedoch konnten sie nach dem Krieg bereits im Frühjahr 1946 vergleichsweise schnell wieder die Produktion des 170 V aufnehmen. Die ersten Nachkriegsfahrzeuge waren Nutzfahrzeuge, doch die Personenwagenproduktion wurde nur ein Jahr später wiederbelebt. 1949 überstiegen die Absatzzahlen bereits das Vorkriegsniveau.

1953 Mercedes-Benz 300 S Cabriolet

Mercedes-Benz stellte 1951 die schön gestaltete 300er-Baureihe vor, die an die Eleganz der Typen 500 K und 540 K aus der Vorkriegszeit anschloss. Anlässlich der Frankfurter Automobilausstellung 1951 präsentierte die Marke den 300 S, der das teuerste deutsche Automobil seiner Zeit war. Die S-Typen hatten einen kürzeren Radstand und einen modernisierten Motor mit Doppelvergaser. Zuerst als Coupé und dann auch als Cabriolet im Angebot wurde der 300 S bis 1962 mit verschiedenen Karosserievarianten gebaut.
[Seite 95]

1955 Mercedes-Benz 300 SL Aluminium Coupé

1956 Mercedes-Benz 300 SL Coupé

1958 Mercedes-Benz 300 SL Roadster

Mercedes-Benz 300 SL

Das 300 SL Coupé ist eines der beeindruckendsten Fahrzeuge der Automobilgeschichte. Liebevoll »Flügeltürer« genannt war der 300 SL die Straßenversion des Rennsportwagens, der 1952 in Le Mans triumphiert hatte. Die herausragende stilistische Besonderheit sind die am Dach angeschlagenen Türen, die nicht aus kosmetischen Gründen so ein-

gebaut wurden, sondern aufgrund der Struktur des Fahrzeugs mit seinem Gitterrohrrahmen notwendig waren. Es wurden rund 1400 Coupés gebaut, davon 29 Fahrzeuge mit Aluminiumkarosserien für den Renneinsatz. Aufgrund der Nachfrage wurde 1957 der 300 SL Roadster der Öffentlichkeit vorgestellt, der das Coupé ablöste. Davon wurden aber bis zum Produktionsende 1963 nur rund 1900 Exemplare gebaut.
[Seiten 114–119]

MERCURY
Vereinigte Staaten

1939 gründete Edsel Ford die Marke Mercury, um die Lücke zwischen den hochpreisigen Lincolns und den Fahrzeugen der Großserien von Ford zu schließen. Ursprünglich waren diese Automobile mit Bodengruppen von Ford ausgerüstet, aber nach dem Krieg wurde Mercury Teil der neuen Sparte Lincoln-Mercury. 1945, als Rohstoffe noch knapp waren, wurde die Produktion wieder aufgenommen, und die Fahrzeuge wurden teilweise unvollständig ausgeliefert; oftmals ersetzten Eisenbahnschwellen die eine oder andere Stoßstange. Im Laufe der 1950er-Jahre wurde die Produktpalette von Mercury ausgeweitet.

1948 Mercury Cabriolet

Der Mercury von 1948 war mehr oder weniger identisch mit seinen Vorgängermodellen aus den Jahren 1947 und 1946, die ihrerseits dem Fahrzeug von 1942 entsprachen. Über 50 000 Coupés, Limousinen, Cabriolets und mit Holz beplankte Kombis wurden gebaut, was Mercury zur Nummer zehn im amerikanischen Markt machte.
[Seiten 28/29]

MG
England

In den frühen 1920er-Jahren begann das Unternehmen Morris Garage in Oxford mit dem Bau eigener Sportwagen. 20 Jahre lang genossen diese wunderbaren kleinen Fahrzeuge sowohl auf der Straße als auch auf der Rennstrecke ihre Erfolge. Tazio Nuvolari gewann 1933 auf einem MG K3 Magnette die Ulster Tourist Trophy und stellte dabei einen Rundenrekord auf, der 18 Jahre halten sollte. Im September 1939 wurde die Automobilproduktion wegen der Fertigung von Flugzeugteilen für den Albemarle-Bomber eingestellt, aber schon 1945 meldete MG sich mit den Typen aus der Vorkriegszeit zurück. Der neue MG TC war ein Volltreffer und wurde insbesondere von amerikanischen Soldaten gern gefahren. In vier Jahren wurden davon 10 000 Exemplare gebaut.

1958 MGA Roadster

1958 MGA Coupé

1958 MGA

Der 1955 vorgestellte MGA ersetzte die 19 Jahre alte T-Serie. Endlich verfügte MG über ein Fahrzeug mit dem Aussehen, den Fahreigenschaften und der Leistung eines modernen Automobils. Über 101 000 Coupés und Roadster wurden bis zum Produktionsende 1962 gebaut.
[Seiten 200, 201]

NASH
Vereinigte Staaten

1917 gründete Charles W. Nash seine eigenen Automobilwerke, nachdem er als Präsident bei General Motors ausgeschieden war. Nash steuerte sein Unternehmen durch die Weltwirtschaftskrise und schloss sich schließlich mit dem Zulieferer Kelvinator zusammen. 1941 stellte er den wirtschaftlichen Typ 600 vor, der mit einer Tankfüllung von 76 Litern 600 Meilen (965 Kilometer) zurücklegen konnte. Nach dem Krieg nahm Nash die Produktion frühzeitig wieder auf, indem er 1945 das Modell von 1942 in modernisierter Form auf den Markt brachte. Als die »Großen Drei« ihre Produktion im Laufe der 1940er-Jahre wieder hochfuhren, fand Nash eine Nische für den Bau von ebenso unkonventionellen wie wirtschaftlichen Fahrzeugen.

1947 Nash Ambassador Suburban

Wie schon die Fahrzeuge aus dem Jahre 1942 hatten die Modelle von 1946 bis 1948 breite waagerechte Kühlermasken. Der Suburban war mit den auf das Fließheck montierten Holzplanken ein attraktives, aber auch teures Fahrzeug, von dem in drei Jahren nur 1000 Stück gebaut wurden. Nash brachte bis 1949 kein Nachfolgemodel heraus.

[Seiten 20–25]

1953 Nash Healey

1951 half Donald Healey Nash dabei, einen kleinen Sportwagen zu bauen. Der Nash Healey hatte einen V6-Motor mit oben liegender Nockenwelle und einer Karosserie der englischen Firma Panelcraft. Ein Jahr darauf wurde das Fahrgestell in eine Sportkarosserie von Pininfarina gebaut. Aber das Auto fand nicht den Weg in die Herzen der Kundschaft, sodass die Produktion 1954 eingestellt wurde.

[Seiten 82, 84, 86]

1956 Nash Metropolitan

Der Metropolitan war ein weiteres eigenartiges Automobil, welches Nash 1953 auf den Markt brachte. Das Auto sah aus wie ein Nash im Kleinformat und sollte mit den kleineren Fahrzeugen aus Europa konkurrieren. 1956 wurden Zierleisten aus Chrom hinzugefügt und der zweifarbige Metropolitain war geboren. Trotz seiner schlechten Fahreigenschaften und Problemen mit Rost wurde das Fahrzeug in acht Jahren mehrt als 100 000 Mal verkauft.

[Seiten 126/127]

OLDSMOBILE
Vereinigte Staaten

Die 1896 von Ransom Eli Olds gegründete Marke Oldsmobile hatte die längste Geschichte im amerikanischen Markt. Erst im Mai 2004 wurde die Produktion eingestellt. Olds verließ die Firma bereits 1904 und gründete REO, aber die Marke Oldsmobile bestand weiterhin und wurde im November 1908 Teil von General Motors. Vom Start weg war Oldsmobile erfolgreich und in den frühen Jahren sogar der größte Automobilhersteller der Welt. Oldsmobile erwarb sich in den 1920er- und 1930er-Jahren mit technischen Raffinessen wie Bremsen an allen vier Rädern, einem Synchrongetriebe, Fallstromvergasern und der Hartverchromung einen Ruf für technisch hochwertige Fahrzeuge. Die Marke begann im Juli 1945 mit der Produktion neuer Fahrzeuge, die allerdings Abwandlungen des Modells von 1942 waren. Erst 1949 kamen neue Modelle mit den hochverdichtenden V8-Rocket-Motoren auf den Markt. Damit konnte Oldsmobile unter anderem bei zahlreichen NASCAR-Rennen triumphieren und gewann auch die erste Panamericana.

1957 Oldsmobile Super 88 Cabriolet

1957 wurden die Fahrzeuge der Marke Oldsmobile mit neuen Karosserien versehen, die – wie schon die Vorgängermodelle – mit an Raketen erinnernde Designelementen über den Scheinwerfern und den düsenartigen Rückleuchten aufwarteten. Die »heißen« J2-Motoren lieferten reichlich Schub dazu. Lee Petty und Richard Petty waren mit diesen 312-PS-V8-Triebwerken bei Stockcar-Rennen erfolgreich. Allerdings wurde die gewaltige Maschine bald bei NASCAR-Rennen verboten, sodass Oldmobile sein Rennengagement einstellte.

[Seiten 176/177, 183]

O.S.C.A.
Italien

1938 hatten die Brüder Ernesto, Ettore und Bindo Maserati ihre Firma an die Familie Orsi verkauft, standen Maserati aber für weitere zehn Jahre als technische Berater zur Verfügung. Ihrer Liebe zu leichten und schnellen Sportwagen fröhnend, gründeten sie 1947 die Firma Officina Specializzata Construzione Automobili (O.S.C.A.). Die Fahrzeuge waren zwar mit Motoren mit kleinem Hubraum ausgerüstet, aber gut genug, um bei der Mille Miglia 1950 den Klassensieg in der Kategorie unter 1100 cm³ zu erzielen. Der größte Erfolg aber war der Sieg von Stirling Moss beim 12-Stunden-Rennen von Sebring 1954. Die kleine Firma überlebte nur 20 Jahre und verkaufte ihre Fabrikationsanlagen 1967 an M. V. Augusta.

O.S.C.A.
Fortsetzung

1957 O.S.C.A. S 187

O.S.C.A. war ein kleines Familienunternehmen, das bewusst nicht mehr als 30 Fahrzeuge pro Jahr fertigen wollte. Der S 187 wurde 1956 vorgestellt. Er verfügte über einen 749-cm³-Motor mit zwei oben liegenden Nockenwellen und einer Leistung von 70 PS bei 7000 Umdrehungen. Während seiner Bauzeit von nur drei Jahren wurde das Fahrzeug mit einer Vielzahl von unverwechselbaren aerodynamischen Karosserien von Vignale, Zagato und Morelli ausgeliefert.
[Seiten 202/203, 205]

PACKARD
Vereinigte Staaten

Seit ihrer Gründung 1899 hatte die Firma der Brüder James und William Packard sich einen guten Ruf für ausgezeichnete Automobile erworben. Eine wohlhabende Kundschaft im Auge habend veränderte Packard seine Fahrzeuge vor dem Zweiten Weltkrieg immer nur geringfügig, was den Ansprüchen dieser gut situierten Klientel entgegenkam. Das änderte sich nach dem Krieg, als die moderne Vermarktung von Automobilen nach schnelleren Modellwechseln verlangte. Die vergleichsweise kleine und unabhängige Marke Packard konnte diesem Trend nicht standhalten und dümpelte vor sich hin, bis sie 1954 von Studebaker übernommen wurde. In der Folge wurden Packards zu mehr oder minder umkarossierten Studebakers. Die Produktion endete 1958.

1950 Packard Custom Eight Cabriolet

Die von Mitte 1949 bis Ende 1950 produzierten Fahrzeuge wurden »Goldene-Jubiläums-Packards« genannt. Dennoch bestanden einige kaum erkennbare Unterschiede zu den Fahrzeugen aus der Vorkriegszeit. Mit dem in der 23er-Serie eingeführten Ultrasonic-Automatikgetriebe begeisterte Packard seine Kundschaft. Diese Automobile mit dem Spitznamen »schwangerer Elefant« wurden 1951 von moderneren und preisgünstigeren Fahrzeuge abgelöst. Aber auch diese wirtschaftlicheren Packards konnten die ehrwürdige Marke nicht vor der Übernahme bewahren.
[Seiten 64, 66]

PLYMOUTH
Vereinigte Staaten

1928 gründete Walter P. Chrysler Plymouth als kostengünstige Alternative zu seinen anderen Dodge- und Chrysler-Produkten. Die Marke fand sofort ihre Nische im Markt, wo sie mit Chevrolet und Ford im Segment der preiswerten Alltagsfahrzeuge konkurrierte. Nach dem Krieg hatte Plymouth einen zögerlichen Neustart, und die Fahrzeuge des Modeljahrgangs 1946 unterschieden sich nur unwesentlich von denen aus dem Jahre 1942. Wegen ihrer geringfügigen Neuerungen, und weil die Plymouths der Nachkriegszeit weder schick noch schnell waren, rutschte die Marke bei den inländischen Verkäufen vom dritten auf den fünften Platz hinter Chevrolet, Ford, Buick und Oldsmobile. Allerdings hauchten die neuen V8-Motoren und der »Forward Look« allen Fahrzeugen von Chrysler 1955 neues Leben ein und so auch Plymouth. Die frische, schwungvolle Linienführung brachte Plymouth zurück auf Platz drei der Verkaufsskala. Diesen Platz konnte die Volumenmarke von Chrysler Jahrzehnte behaupten.

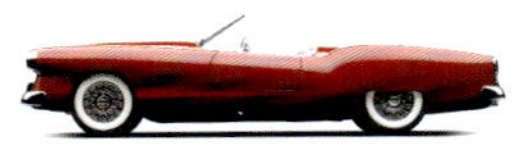

1954 Plymouth Belmont

Virgil Exners Plymouth Belmont von 1954 war ein Vorbote der Neuerungen, die die Marke im darauffolgenden Jahr erfahren sollte. Dieser glänzend rote Roadster sollte die Aufmerksamkeit von der Chevrolet Corvette ablenken. Beide Zweisitzer hatten kurvenreiche Glasfaserkarosserien mit einer Panoramawindschutzscheibe. Aber der Belmont war größer und verfügte über einen verchromten V8-Motor, ebenso wie eine luxuriöse, mit Leder ausgeschlagene, kokonartige Innenausstattung. Zusammen mit dem K 310, dem Adventurer und dem Firearrow stellt der Belmont eine von Exners herausragendsten Fahrzeugkonstruktionen dar.
[Seiten 4, 108–110]

Der Präsident von General Motors, Alfred P. Sloan, hatte im Markenportfolio von GM eine Lücke zwischen den preisgünstigen Chevrolets und den teureren Oldsmobiles ausgemacht. 1926 gründete er Pontiac, um diese Lücke zu schließen, und es dauerte nur drei Jahre, bevor die Marke auf den fünften Platz bei den Verkaufszahlen im amerikanischen Markt vorgerückt war. Nach dem Zweiten Weltkrieg behielt Pontiac die Vorkriegsmodelle bei, bis 1949 eine erste größere Aktualisierung vorgenommen wurde. 1955 wurde Pontiac zunehmend auf den Motorsport ausgerichtet. Die Fahrzeuge der Marke wurden mit dem Strato-Flight-Hydra-Matic-Automatikgetriebe ausgestattet und erhielten als letzte im Portfolia von GM den 4,7-Liter-V8 »Strato Streak Motor«.

1957 Pontiac Star Chief Custom Safari Kombi

1956 wurde Semon E. »Bunky« Knudsen zum Generaldirektor der Abteilung Pontiac ernannt. Knudsen verlieh Pontiac ein verjüngtes und sportlicheres Aussehen. Laut einer Anzeige für das Model Star Flight bot dieser Safari-Kombi »mit der geschmeidigen fließenden Leistungsstärke von Amerikas Straßenverkehrsfahrzeug Nummer eins bis zu neun Personen bequem Platz.«
[Seiten 180–182]

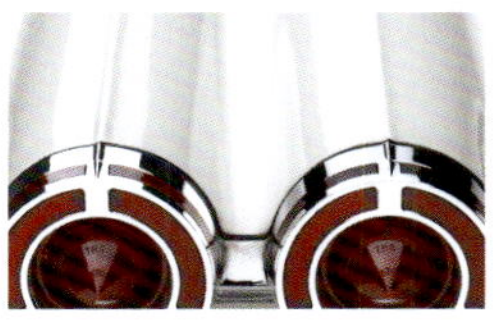

1960 Pontiac Bonneville Cabriolet

Der Bonneville war Pontiacs neues Hochleistungsfahrzeug. 1957 erstmals vorgestellt wurde es zwei Jahre später mit einem aggressiven Rennstrecken-Design versehen. 1960 bekam das Fahrzeug den mit dem Namen »Tempest« (Sturm) bezeichneten 425-PS-V8-Motor einverleibt, der über einem Vierfachvergaser beeindruckende 303 PS und ein Drehmoment von über 313 Newtonmeter auf die Straße brachte. Die luxuriöse Ausstattung wurde durch ein Armaturenbrett aus poliertem Walnussholz, eine eingebaute Uhr, Extra-Lampen im Fond und einen doppelten Aschenbecher abgerundet.
[Seiten 214, 215]

Der Name Porsche steht als Synonym für Sportwagen. Aber die Bedeutung der Familie Porsche für den Automobilbau geht vor die Entstehung der Marke im Jahre 1948 zurück. Der Firmengründer Dr. Ferry Porsche hatte in den späten 1930er-Jahren zusammen mit seinem Vater am Volkswagenprojekt gearbeitet. Nach dem Zweiten Weltkrieg begann er auf der Basis der VWs mit luftgekühlten Heckmotoren mit dem Bau von kleinen Sportwagen. Es entstanden 50 Fahrzeuge in einer kleinen Werkstatt im österreichischen Gmünd, bevor der Umzug nach Stuttgart erfolgte. Das erste Fahrzeug der Marke, der Porsche 356, schlug ein wie eine Bombe und stellt den Anfang einer Reihe von herausragenden Renn- und Sportwagen dar.

1955 Porsche 550 Spyder

Mit einem modifizierten 356er beteiligte sich Porsche 1951 zum ersten Mal am 24-Stunden-Rennen von Le Mans und wurde sogleich Klassensieger. Der Erfolg verleitete Porsche dazu, einen Rennwagen zu bauen, den 550 Spyder, der 1953 vorgestellt wurde. Erwin Komenda konstruierte die leichte Aluminium-Karosserie und baute einen Vierzylinder-Motor vom Typ 547 mit vier Nockenwellen vor der Hinterachse ein. Der Spyder war ein außerordentlich erfolgreicher Rennwagen, aber er ist wahrscheinlich am besten bekannt als das Auto, in dem James Dean auf einer Landstraße in Kalifornien tödlich verunglückte.
[Seite 104]

1956 Porsche 356 A Carrera Speedster

Der legendäre Speedster war ursprünglich eine preisgünstige abgespeckte Variante des populären Porsche 356. Dieses leichtere Fahrzeug wurde in unterschiedlichen Motorisierungen angeboten, inklusive des aus dem Porsche 550 entlehnten 100-PS-Motors mit vier Nockenwellen. Der Name »Carrera« war eine Referenz an den Erfolg bei der Panamericana 1954.
[Seite 195]

1958 Porsche 718 RSK

Der RSK entwickelte sich aus dem 550 Spyder heraus und war mit dem 1,5-Liter-Motor mit vier Nockenwellen aus dem älteren Modell ausgestattet. Aber der RSK hatte eine neue Vorderradaufhängung, die die Karosserie absenkte und dadurch für eine bessere Aerodynamik sorgte. Diese äußerst konkurrenzfähigen Fahrzeuge belegten Podiumsplätze in Sebring und bei der Targa Florio und dominierten ihre Klasse 1958 in Le Mans.
[Seiten 192/193]

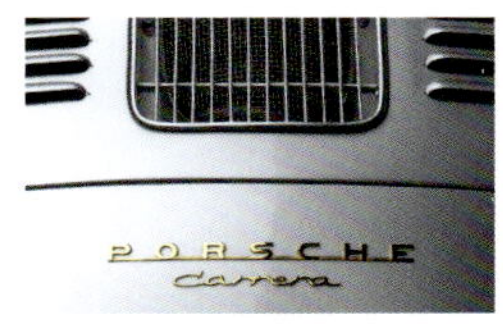

1960 Porsche 356 Carrera GT

1957 bot Porsche zwei Varianten des 356er an: den vollausgestatteten Deluxe und den spartanisch ausgestatteten Hochleistungs-GT. 1960 fiel der Deluxe weg, sodass der GT als der einzige mit einem Hochleistungsmotor versehene 356er übrig blieb. Diese GTs waren bei Rennen populär, wo ihre lauten, hochtourigen Motoren hohe Geschwindigkeiten erzielten.
[Seiten 206, 207]

ROLLS-ROYCE
England

Als eine der am meisten geschätzten Marken der Automobilgeschichte geht das Unternehmen Rolls-Royce auf das Jahr 1904 zurück, als Charles Stewart Rolls den Verkauf der von Henry Royce produzierten 15-PS-Fahrzeuge übernahm. Ihre gemeinsame Leidenschaft für Perfektion führte 1907 zur Produktion des Silver Ghost, eines Automobils, das den Standard im Fahrzeugbau auf ein Maß anhob, nach dem andere Hersteller strebten. Der Ruf der Firma, anspruchsvolle Automobile zu herzustellen, wurde mit dem von Hand gefertigten Phantom in den 1930er-Jahren fortgesetzt. 1938 wurde die neue Fabrik in Crewe in der Grafschaft Chesire zur Produktion von Flugmotoren eingeweiht. Nach dem Krieg wurde Crewe der neue Sitz von Rolls-Royce und blieb es über sechs Jahrzehnte lang.

1950 Rolls-Royce Silver Wraith
Karosserie von Hooper

Hochgebaut, staatstragend und elegant: Rolls-Royce hielt mit seinen Automobilen der Nachkriegszeit an der Tradition fest, auch wenn sich nach dem Krieg die Vorliebe für große, von Hand gefertigte Fahrzeuge, die von einem Chauffeur gelenkt werden wollten, abkühlte. Der Silver Wraith wurde wie die früheren Fahrzeuge der Marke mit großer Liebe zum Detail in Handarbeit gefertigt und genügte den höchsten Ansprüchen seiner Kunden.
[Seiten 58/59]

1951 Rolls-Royce Silver Dawn

Der Silver Dawn hatte als erster Rolls-Royce eine von der Pressed Steel Company konstruierte und produzierte Standardkarosserie. Das Fahrzeug war mit seinem kürzeren Radstand, einem geschmeidigeren Motor und einem automatischen Getriebe für den Export bestimmt. Damit sprach Rolls-Royce fortan auch Selbstfahrer als Kunden an.
[Seite 94]

1957 Rolls-Royce Silver Cloud I
Karosserie von H. J. Mulliner

Der wunderschöne Silver Cloud wurde 1955 vorgestellt und konnte sowohl mit einer Standardkarosserie als auch mit einer höherwertigen Karosserie-Spezialanfertigung bezogen werden. Bis auf den Kühler und die Kühlerfigur – den »Geist der Ekstase« (Spirit of Ecstasy) – war das Fahrzeug mit dem Bentley S-Type identisch. Einige Jahre später führte Rolls-Royce im Silver Cloud II einen neuen V8-Motor ein. Als die Serie mit dem Silver Cloud III 1966 eingestellt wurde, waren rekordverdächtige 7365 »Wolken« produziert worden.
[Seite 217]

SAAB
Schweden

Ebenso wie bei BMW lassen sich die Wurzeln von Saab auf den Bau von Flugzeugmotoren zurückverfolgen. Das erste Bombenflugzeug der Firma, eine Ju 86, hob im August 1939 ab. Nachdem der Bedarf an Militärflugzeugen zurückgegangen war, entschied sich die Svenska Aeroplan Aktiebolag – kurz Saab – ihre Fähigkeiten auf den Automobilbau zu konzentrieren. Doch auch wenn die Ingenieure viel vom Flugzeugbau verstanden, fehlte ihnen die Erfahrung im Fahrzeugbau. Deswegen entlehnten sie viel vom aus der Vorkriegszeit bekannten DKW mit Zweitaktmotor und Vorderradantrieb. Saab verpflichtete den bekannten schwedischen Industriedesigner Sixten Sason, der dann für das dramatisch wirkende Tragflügelprofil verantwortlich zeichnete. Der erste Saab kam 1950 unter der internen Bezeichnung Modell »92« in die Verkaufsräume.

1959 Saab 750 GT

Mit dem aus Erfolgen bei Straßenrennen gestärkten Selbstbewusstsein bauten die Ingenieure bei Saab 1958 den leistungsstarken GT. Das Fahrzeug stammte vom Saab 93 ab, welcher seit Dezember 1955 hergestellt worden war. Der GT wurde mit einem optimierten 45-PS-3-Zylinder-Motor mit Solex-Dreifachvergaser und Vierganggetriebe ausgerüstet. Während der dreijährigen Produktionszeit wurden lediglich 605 Exemplare gebaut.
[Seite 208]

STUDEBAKER
Vereinigte Staaten

Die Brüder Henry und Clem Studebaker haben ihre Karriere 1852 in South Bend im Bundesstaat Indiana mit dem Bau von Fuhrwerken begonnen. Nachdem sie zum weltweit größten Hersteller von Fuhrwerken aller Art geworden waren, begannen sie Ende der 1890er-Jahre ihr Augenmerk auf den Automobilbau zu richten. Dort ebenfalls erfolgreich hatte das Unternehmen sich 1928 zum Hersteller von Luxusfahrzeugen entwickelt und konnte die Marke Pierce-Arrow übernehmen. Nach dem Zweiten Weltkrieg brachte Studebaker als erste Marke neue Modelle auf dem Markt, wovon das hervorstechendste das »Coming-or-Going-Design« – man sollte idealerweise nicht erkennen können, ob das Fahrzeug auf einen zukam oder sich von einem wegbewegte – von Virgil Exner von den Raymond Loewy Studios war. Aber Studebaker war ein wesentlich kleineres Unternehmen und verfügte über entsprechend weniger Ressourcen als Detroits Große Drei. 1954 war die Firma gezwungen, Packard zu übernehmen, um Schritt halten zu können. Auch wenn Studebaker nach der Fusion noch verschiedene interessante Automobile herausbrachte, wurde die Produktion im März 1966 endgültig eingestellt.

1952 Studebaker Commander Cabriolet

Als Studebaker 1952 sein 100-jähriges Bestehen feierte, bekamen die Automobile ein von den »Kugelnasen« der vorangegangenen Jahre abweichendes Aussehen. Aber die leichte Retusche war zu wenig, um neue Käufer begeistern zu können. In dem Jahr fiel die Zahl der produzierten Fahrzeuge auf zwei Drittel von 1951. Mit 2548 Dollar war das Commander Cabriolet das teuerste und prestigeträchtigste Fahrzeug im Angebot, aber es wurden lediglich 1715 Exemplare gebaut.
[Seiten 65, 67]

1953 Studebaker Commander Starliner

1953 wurden die sogenannten »Loewy-Coupés« vorgestellt, die von den Designern Robert Bourke und Holden Koto unter Aufsicht Raymond Loewys entstanden waren. Die tief gelegten, breiten Autos hatten nur wenig Chrom und unterschieden sich damit deutlich von den anderen Automobilen ihrer Zeit. Der Starliner wurde vom New Yorker Museum of Modern Art als eines der zehn bedeutendsten Automobile der Nachkriegszeit geehrt.
[Seiten 88, 96, 97]

TATRA
Tschechische Republik

Diese tschechische Automobilfabrik hat eine Geschichte von innovativen und ungewöhnlichen Fahrzeugkonstruktionen, die auch immer einen Ausblick in die Zukunft des Automobils boten. Die Wurzeln der Firma gehen in das Jahr 1897 zurück, aber der Name Tatra tauchte 1923 zum ersten Mal auf. Unter der Leitung des Konstrukteurs Hans Ledwinka zeichneten sich die Fahrzeuge durch eine aerodynamische Form und ihren luftgekühlten Heckantrieb aus. Diese Besonderheiten bildeten später die Grundlage für Ferdinand Porsches Volkswagen. Diesbezüglich hatte Tatra nach Ende des Zweiten Weltkrieges wegen der unrechtmäßigen Nutzung seiner Patente eine letztendlich auch erfolgreiche Klage angestrengt. Tatra war die einzige Marke, die auch während des Krieges Automobile baute, und tat dies auch bis 1999.

1947 Tatra T 87

Hans Ledwinkas T 87 debütierte 1936. Das Fahrzeug stellte gegenüber dem T 77 von 1934 eine Verbesserung dar. Auch wenn das Auto in den folgenden 14 Jahren kontinuierlich produziert wurde, entstanden dennoch insgesamt nur 3023 Exemplare. Das Auto hatte eine Anzahl Besonderheiten, die ihm ein unwirkliches Aussehen gaben. Besonders bemerkenswert waren die gerundete Frontpartie, der große, mittig angeordnete Scheinwerfer, die dreigeteilte, steil abfallende Windschutzscheibe, die großen hinteren Lufteinlässe und die dramatische Finne, die aus dem zusammenlaufenden Heck herauswuchs.
[Seiten 16/17]

TRIUMPH
England

Die 1885 gegründete Firma Triumph hatte mit dem Bau von Fahrrädern begonnen und kam über die Produktion von Motorrädern 1923 schließlich zur Herstellung von kleinen, soliden Automobilen. In den 1930er-Jahren wurden die ersten Sportwagen vorgestellt. Triumph hatte jedoch eine Menge ernst zu nehmender Konkurrenten und eine zu aufgeblasene Produktpalette, sodass die Firma 1939 Insolvenz anmelden musste. 1944 kaufte Sir John Black von der Firma Standard die Markenrechte und begann, Triumph in der gehobenen Preisklasse zu etablieren, was 1953 mit der Vorstellung des TR schließlich gelang.

1955 Triumph TR 2

1960 Triumph TR 3A

Triumph TR

Die TR-Serie sollte mit MG konkurrieren, deren Fahrzeuge mit Erfolg in die USA exportiert wurden. Der TR 2 war der erste Serien-TR, der wiederum auf der 1950 auf dem Pariser Automobilsalon gezeigten Studie TRX basierte. Das Fahrzeug war beliebt und wurde über die Jahre zunehmend weiterentwickelt und in seiner Leistungsfähigkeit optimiert. Deren Höhepunkt war der TR 8 der späten 1970er-Jahre.

[Seiten 90–93]

TUCKER
Vereinigte Staaten

Die Firma Tucker hatte ein kurzes, aber kontroverses Dasein. Sie wurde 1946 von Preston Tucker gegründet, der mit den Konstrukteuren Alex Tremulis, George S. Lawson sowie J. Gordon Lippincott und Partnern aus New York schlicht das beste Automobil der Nachkriegszeit entwickeln wollte. Tucker träumte davon, Sicherheit, Geschwindigkeit und Komfort in einem attraktiven Automobil zusammenzuführen, wie es die Welt noch nicht gesehen hatte. So war geplant, einen riesigen luftgekühlten 9,7-Liter-Hubschraubermotor mit Treibstoffeinspritzung im Heck einzubauen und mit dem »Tuckermatic-Getriebe« zu kombinieren. Trotz 300 000 Vorbestellungen und 1000 interessierten Händlerbetrieben kam das Unternehmen in finanzielle Schwierigkeiten, die Ermittlungen seitens der amerikanischen Regierung nach sich zogen. Tucker wurde 1950 zwar vom Vorwurf des Betruges freigesprochen, aber seine Firma, sein Auto und seine Träume gehörten damit der Vergangenheit an.

1948 Tucker

Es sollte das innovativste Automobil seiner Zeit sein, aber viele der fortschrittlichen Besonderheiten des Tucker hatten mit den mechanischen Problemen der realen Welt zu kämpfen. Zum Produktionsstart war eine Anzahl dieser Spezialitäten durch herkömmliche Technik ersetzt worden. Der große luftgekühlte Motor war einem wesentlich kleineren wassergekühlten 5,8-Liter-Aggregat gewichen, so wie die in den höchsten Tönen angepriesene »Tuckermatic« niemals verbaut, sondern ebenfalls durch eine alte Vorwahlautomatik von Cord ersetzt wurde. Das Resultat – so fortschrittlich es auch war – hatte mit dem von Tucker angekündigten Fahrzeug nur noch wenig gemein, und es wurden lediglich 51 Exemplare dieser stromlinienförmigen Limousinen gebaut.

[Seiten 40/41]

VOLKSWAGEN
Deutschland

Dr. Ferdinand Porsche wollte ein Automobil für die Massenmotorisierung bauen und entwickelte deshalb Anfang der 1930er-Jahre den Volkswagen. Für seine ursprünglichen Konstruktionen verwendete er entweder luftgekühlte Zündapp- oder NSU-Motorrad-Motoren, die er im Heck installierte. 1933 wurde Adolf Hitler auf die Entwicklung aufmerksam, der den Bau von Automobilen für das Volk als ein für den Nationalsozialismus ausschlaggebendes Erfolgskriterium ansah. (Angeblich geht der Kosename »Käfer« auf Hitler zurück.) Dutzende Prototypen wurden gebaut und getestet, bevor die ersten Fahrzeuge sechs Jahre später, am 15. August 1940, in Wolfsburg vom Band liefen. Während des Krieges wurden vor allem die dem Jeep ähnlichen Kübelwagen und Schwimmwagen gebaut. Auch wenn die Fabrikationsanlagen große Bombenschäden davontrugen und das Unternehmen nach dem Krieg unter britische Aufsicht gestellt wurde, wurde die Produktion 1945 umgehend wieder aufgenommen, und im gleichen Jahr konnten bereits 522 Fahrzeuge produziert werden.

1950 Volkswagen

Der kleine und preiswerte Volkswagen war im Europa der Nachkriegszeit sehr beliebt. Der Motor, die Bremsen, das Getriebe und der Komfort des Fahrzeugs wurden während seiner 50 Jahre andauernden Produktionszeit kontinuierlich verbessert. Die insgesamt über 21 Millionen verkauften Fahrzeuge machten Volkswagen zur bekanntesten Automobilmarke der Welt.

[Seiten 31–33]

Danksagung

»Chromjuwelen« ist eine reine Studioproduktion, die nur mithilfe einer Anzahl von Fachleuten realisiert werden konnte. Mein herzlicher Dank geht an John Burzichelli und Esteban Granados vom Hill Studio und an die Studioassistenten Bill Wynes, Dave March, John Wynn, Dan Meznick, Mary Dunham, Steven Crossot, Joe D'Angeles, Bronwyn Smith, Ken Burgess, Adam Hoffman, Peter Grims und Eric Furman.

Eine der schwierigeren Aufgaben bei einem Projekt dieser Größenordnung ist es, die Fahrzeuge ausfindig zu machen und mit den Besitzern Terminabsprachen zu treffen. Für ihre Bemühungen geht mein ganz besonderer Dank an Robert DePue Brown, Mike Tillson, Ed Tatios, Keith Flickinger, Paul Russell, Janet Oliver, Jed Rapoport, Jonathan Stein, Phil Neff, Pat Chappell, Gene Epstein, Marty Wadkins, Debbie Fass und Lois Reedy.

Allen Dugan, Mark Bofinger und John Fetter haben uneigennützig ihre jahrzehntelange Druck- und Produktionserfahrung eingebracht, um die höchste Qualität für die Wiedergabe der Bilder sicherzustellen. Die meisten der in diesem Buch veröffentlichten Bilder wurden mit einer Mamiya RZ 67 oder einer Sinar-4x5-Kamera aufgenommen und anschließend mit Phase One Digital Capture digital nachbearbeitet. Kevin Raber von Phase One und Lance Schad von Systems Solutions Incorporated haben mir mit ihrer unschätzbaren technischen Expertise zur Seite gestanden, damit ich diese neue Technologie komplett nutzen konnte.

Ich möchte auch Tehabi Books dafür danken, dass man dort an dieses Projekt geglaubt hat, insbesondere dem Präsidenten und Herausgeber Chris Capen und seinem Stellvertreter Sam Lewis sowie auch Christopher Sweet von Harry N. Abrams. Unter der künstlerischen Leitung von Josie Delker und Monika Stout wurde eine Sammlung von Automobilfotografien schließlich zu einem wunderschönen Buch. Louise Ann Noeth von LandSpeed hat mir mit dem Manuskript geholfen. Und mein größter Dank gilt meiner Redakteurin Betsy Holt, die mir immer wieder klar macht, wie man jenseits der Fotografie kommunizieren kann.

Es gibt zwei Menschen, denen ich für ihre anhaltende Unterstützung nicht genug danken kann: Zuerst Lynnette Mager, meiner Geschäftsführerin, die das Projekt während der Aufnahmetermine und der anschließenden Nachbearbeitung monatelang begleitet hat. Und dann Dave Phillips, mit dem ich schon seit Jahren zusammenarbeite und der mir bei allen Abbildungen in diesem Buch mit seiner Kunst der Bildbearbeitung zur Seite gestanden hat. Ihnen allen gilt mein aufrichtiger Dank für ihren unermüdlichen Einsatz, ihr Talent und ihre Unterstützung.

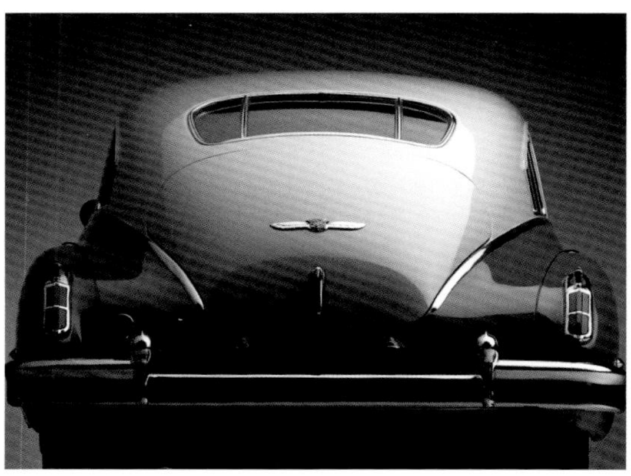

Die Fahrzeugbesitzer

Mein erstes Auto war ein Oldsmobile-Fiesta-Kombi von 1957. Das war ein großes, leistungsstarkes und komfortables Fahrzeug, und er war so blau wie der Himmel. Meine Arbeit an den »Chromjuwelen« hat mich an meine Jugend erinnert, als jeder Abstecher hinter dem Lenkrad sich anfühlte, als sei es das erste Mal – es sind farbenfrohe Erinnerungen, die ich heute mit meinen Kindern teile. Damit möchte ich all jenen engagierten Besitzern der Fahrzeuge danken, die so großzügig waren, mich ihre Automobile fotografieren zu lassen, um diese rollenden Erinnerungen der Jugend am Leben zu erhalten.

Frank R. Allocca
Bernard Berman
George Bickel
Ed und Carol Blumenthal
Bill Borden
Ted Boyd
Ralph Brown
Nicola Bulgari
Robert Carnivale
Hank und Jane Casden
Richard und Pat Chappell
Ele Chesney
Miles Collier
Joseph Dillon
Robert Donatucci
Doug Dressler
Woody Dries
Gene und Marlene Epstein
Gary Ford
D. Craig Fuller
General Motors Corporation
Russ Gowdy
Saul Greenberg
Jay Hammond
Richard Herwig
Van und John Horneff
Bill Jacobson
Thomas und James Kidd
Richard und Jean Laird
Ralph Lauren
Mark Leiberman
Chip Loree
Bud und Thelma Lyon
Steve Maconi
Sam und Emily Mann
Dave Markel
David Mayo
Don Meluzio
Kris Mera
Chip Miller
Robert Mirabile
Jack Morris
Richard und Nancy Myers
Steve Piaccio
Joe Puleo
Howard Pyle
Paul und Lois Reedy
Michael Riebe
R. Craig Rosenfeld
Len Rusiewicz
Sandy Sadtler
Joseph Santaniello
Donald Schneider
Robert Stockman
Richard Tabas
Noel Thompson
Michael G. Tillson III.
Hampton C. Wayt
Warren Weiner
Henry Wessells
Langdon Wheeler

Titel der amerikanischen Originalausgabe: »Automobiles of the Chrome Age, 1946-1960«

CHROMJUWELEN

»Chromjuwelen« ist eine eingetragene Marke der Chromjuwelen Agentur für Motorkultur. Unter dem Namen »Chromjuwelen« (http://chromjuwelen.com) werden seit 2005 leidenschaftliche und kompromisslose Autothemen getreu der Philosophie »Life is too short for ugly cars« publiziert. Neben eigenen Reportagen, Foto-Essays und Filmen präsentiert Chromjuwelen.com (http://chromjuwelen.com) das Beste aus über 50 internationalen Partner-Portalen. Chromjuwelen.com gilt als DAS Autoportal für Motorkultur.

Bibliografische Information der Deutschen Nationalbibliothek
Die Deutsche Nationalbibliothek verzeichnet diese Publikation in der Deutschen Nationalbibliografie; detaillierte bibliografische Daten sind im Internet über http://dnb.d-nb.de abrufbar.

1. Auflage
ISBN 978-3-7688-3269-4
Die Rechte für die deutsche Ausgabe liegen beim Verlag Delius, Klasing & Co. KG, Bielefeld

Aus dem Englischen von Dr. Josef Ernst
Lektorat: Felix Wagner
Fotos: Michael Furman
Satz: Axel Gerber
Schutzumschlaggestaltung: Gabriele Engel
Druck: Kunst- und Werbedruck, Bad Oeynhausen
Printed in Germany 2011

Delius Klasing Verlag, Siekerwall 21, D - 33602 Bielefeld
Tel.: 0521/559-0, Fax: 0521/559-115
E-Mail: info@delius-klasing.de
www.delius-klasing.de